U0502603

好习惯修炼手册

［日］桦泽紫苑　著

冯莹莹　译

中国科学技术出版社

·北　京·

前　言

你一定有过如下感受：

工作不顺，公司无趣；
苦于应付人际关系，身心俱疲；
担心身体健康，莫名苦恼……

绝大部分人在遇到工作、人际关系及健康问题时都会感到苦恼，而自己却束手无策，只能默默苦撑。

作为一名精神科医生，我撰写本书的目的就是帮助各位解决上述问题。你只需翻开书，读上三五分钟，就能学会如何处理日常生活中的绝大部分难题。

我如此自信的原因就在于本书中列举了50个话题及解决方法，它们都是我从收到的10 000多封咨询电子邮件中整理筛选出来的。如果你能顺利解决这些问题，你的压力就会减轻，今后每一天你都会过得快乐而充实，并最终收获高质量的人生。

简单介绍一下自己，我叫桦泽紫苑，是一名精神科医生。截至目前，我已出版包括《最高学以致用法：让学习发挥最大成果的输出大全》《精神科医生教你减压》等在内的36本著作，累计发行量超180万本。另外，我在油管（YouTube）开通的"精神科医生桦泽紫苑的桦频道"的运营时间已超6年，我每天都会更新短视频以帮助更多人解决身心健康问题。迄今我已上传超过3000条短视频。

我每天会收到30多封咨询电子邮件，其中的九成问题都很相似。关于具体解决方法，我已在油管或出版的著作中进行了论述。可是，那些没有阅读习惯或不擅于信息检索的人却很难找到合理有效的解决方案，面对日积月累的压力，他们的精神日渐萎靡，严重时他们还可能患上精神疾病。

对此，本书里有大量插图，即便不擅长阅读也能一目了然。本书的第Ⅰ部分为插图，第Ⅱ部分为具体内容介绍，两者紧密相关。你如果不习惯阅读文字类图书，就不妨选择直接看插图。

最近，由于新冠肺炎疫情的影响，患上抑郁症的年轻人数量日益增多。为了让有此病兆的人及时了解应对方法，本书特将相关要点绘制成图。如想了解详细内容，请阅读第Ⅱ部分。我会从精神科医生的视角，以世界最新研究数据为依据，进行详细论述。

本书囊括了我此前出版的36本著作（合计出版约10 000页）及3000余条短视频（合计约250小时）的全部内容，从50个切入点阐述如何合理管控"生活习惯""工作事务"以及"人际关系"，并针对每项内容整理出2～4条行动要点，这就是本书的构架。

本书能让你在最短时间内检索到关键信息，用3分钟掌握行动指南。同时，丰富的插图能给不擅长阅读的人带来直观感受。

作为一名精神科医生，同时也是一个普通人，我真心希望各位能活学活用本书中的内容，以充分优化自己的各项日常行为，将自己从烦恼、压力中解放出来。

如果你每一天过得充实而愉快，你的人生也会充满幸福与快乐。

本书的阅读方法

通过书中目录检索自己最想解决的问题，然后找到目标页，通过看插图、阅读文字领会问题的解决方法。

■ 利用**目录检索**亟待解决的问题。

我从日常接触到的 10 000 多个案例中筛选出了最具代表性的 50 个话题。

■ 通过**第 I 部分的插图**了解优化方法。

将各个话题提炼为 2 ～ 4 条要点，并配以插图说明。

这里写出了对应的"优化"文字所在的页码。

不必从头至尾阅读，按照

 ➜ ➜ 要点

顺序阅读更有效。第 I 部分的插图十分生动有趣，孩子也读得懂。

■ **通过各章的引言了解管控方案。**

详细介绍如何合理管控日常行为，让你每一天过得精彩而充实。

■ **通过第 II 部分文字内容加深理解。**

基于我多年的临床经验，同时参考了多篇学术论文及多项研究数据。

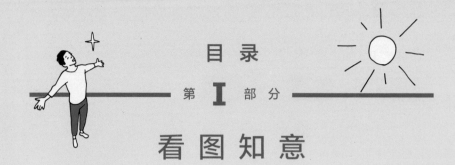

目录

第 I 部分

看 图 知 意

第 **Ⅱ** 部 分

论　述

看图知意

合理管控行为，

打造完美的每一天

1

用愉悦的心情迎接清晨

1

定下每日起床
时间。

2

切忌过早
起床。

3

沐浴在晨光中
散步。

合理管控
起床时间
↓
保持生物钟规律
就能拥有好状态
P106

2

开启健康的"晨式生活"

1

不良的生活习惯会激活致病因子。

2

晨光能复位
生物钟。

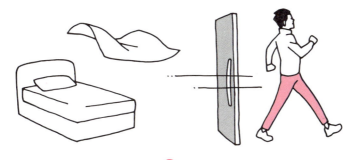

3

早起去散步。

合理管控
早晚行为
⬇
人体的"早起""晚睡"
基因受制于环境因素
P109

— **3** —

如何醒得畅快

1

拉开窗帘
睡觉。

2

进行健康自测或回想令人
愉快的事物。

合理管控醒时

↓

人在睡醒时体内会分泌
血清素①，有身心舒畅之
感，此时起床最好不过

P113

---

① 血清素：又名5-羟色胺，广泛存在于哺乳动物组织中，特别在大脑皮层质及神
经突触内含量很高。很多健康问题与大脑血清素水平低有关。在早晨多接受阳
光，血清素分泌旺盛，人的兴致会很高，行动也更有活力，能获得充沛的精力以
应对繁重的工作。——译者注

4

快速且高效地完成晨间事务

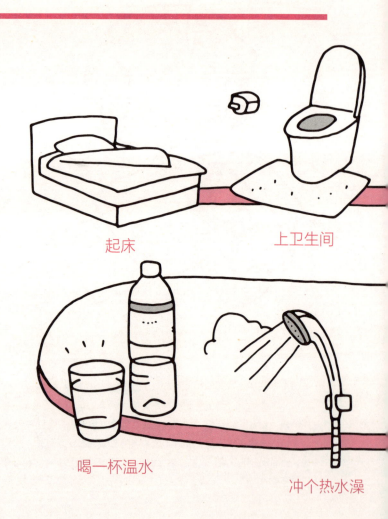

起床　　　　　　　　上卫生间

喝一杯温水

冲个热水澡

合理管控晨间事务
↓
由于早上是心肌梗死、脑卒中等疾病的高发时段，应避免做易诱发上述疾病的高强度活动
P116

脱掉睡衣称体重

整理、打扮

开始新一天

5

将早上散步作为每日必修课

1

先从早上散步5分钟开始，逐渐适应后，再将散步时间调整为15~30分钟，同时掌握好走路的节奏。

2
让身心充分沐浴在晨光中。

3
也可以坐下晒晒太阳。

合理管控早上散步
↓
散步具有活化血清素、复位生物钟以及促进体内维生素D合成三大功效
P120

6

重视早餐

1

早上吃根香蕉能改善低血糖。

2

早餐能有效复位生物钟。

3

每吃一口应咀嚼30次。

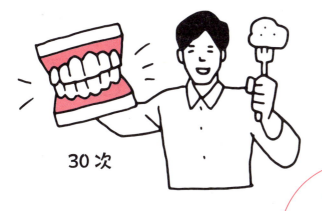

30次

合理管控早餐

↓

早餐能让人体各脏器的生物钟从"夜间模式"切换为"日间模式"

P123

7

善用早通勤时间

1

保证每天20分钟以
上的适量运动。

2

起床后的2～3小时是
大脑的"黄金时间"。

合理管控通勤时间

↓

有效利用通勤时间，可实
现工作、健康双丰收

P126

8

如何开始工作最有效

1

用5分钟完成电子
邮件的查阅及回复。

5 分钟

2

列出当日工作
项目表。

合理管控初始性工作
↓
由于大脑有疲劳期，因此
应从难度大的工作着手
P129

3

首先完成最难的
工作。

9

午休利于下午工作

1

外出吃午餐利于
调整工作状态。

2

在公园里吃便当
也可减压。

3

小憩20分钟利于提升
午后的工作效率。

合理管控午休

↓

如果每个月能有5小时以
上的放松时间，压力就会
得到明显缓解，从而让
大脑重现活力

P134

10

适度休息更利于工作

1

放下智能手机，让眼睛
得到充分休息。

2

与同事聊天让自己
更放松。

3

久坐1小时，平均寿
命缩短22分钟。

合理管控休息
↓
你如果长时间在办公室里
坐着工作，那么最好每工
作15分钟站起来活动一下
身体

P137

11

休息时机很重要

1

连续工作50分钟后，
最好休息10分钟。

2

繁忙时可以站起来工作。

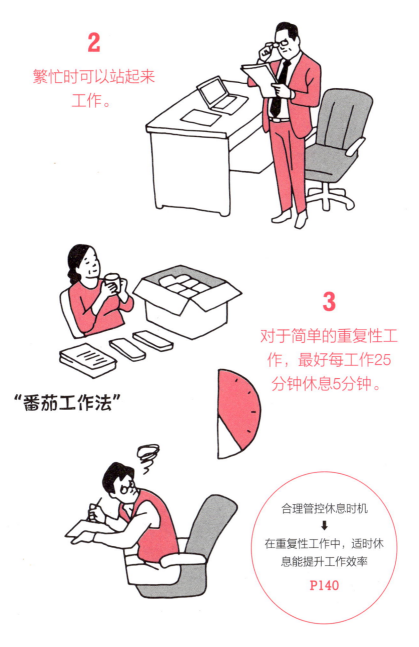

"番茄工作法"

3

对于简单的重复性工作，最好每工作25分钟休息5分钟。

合理管控休息时机
↓
在重复性工作中，适时休息能提升工作效率
P140

好习惯修炼手册

12

合理规划午后工作

1

午餐切忌吃得过饱。

2

下午适于沟通、
商谈。

3

规定每项工作的完成时间。

下午2点58分

合理管控午后工作

↓

下午适于处理会议协商、
下达指令、确认及调整各
类事项、电话联络、回复
电子邮件等工作

P143

13

擅于优化会议形式

1

重要会议应严守时间，
保证气氛活跃。

2

取消拖沓冗长的晨会
及其他会议。

合理管控会议及
商谈
↓
严格控制会议的
场次及时间
P146

14

吃零食的秘诀

1

烦躁不安时可以
吃些零食。

28

2

最多吃一小包
零食。

30克

3

坚果的食用量以
每日30克左右
为最佳。

合理摄入零食
↓
大脑承受压力时，它消耗
的能量比平时多12%，人
体需要通过摄入零食及时
补充这些能量
P149

15

充分发挥音乐的催动力

1

最好在工作前
听音乐。

2

音乐能提升重复性
工作的效率。

3

"静音族"与
"杂音族"。

合理听音乐
↓
播放快节奏音乐时，人的
记忆力比静音时下降50%
左右

P152

16

会工作的人都很会玩

1

休闲娱乐能帮我们
恢复精力。

2

制订休闲娱乐计划有利
于提高工作专注力。

3

休闲娱乐能带给
我们幸福感。

极致时间

合理管控休闲娱乐

↓

首先找到适合自己的休闲
娱乐方式

P156

17

切勿无目的无休止地
浏览视频

1

除了新闻、体育比赛之外，
其余节目均可录制后观看。

健康 × 娱乐

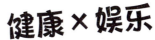

2

可以边运动边
观看视频。

3

由于新闻中信息较多，应限制
每天只看一次新闻节目且观看
时间不超过1小时。

合理看电视
↓
消极性影像对人的
负面影响是消极性
文字的6倍
P159

18

饮酒的规则

1

在酒馆里跟同事发牢骚只会
让人际关系更加恶化。

一听啤酒　　两杯红酒　　两小杯威士忌

2

如果每日饮酒量超过上述标准，就会对健康有害。

合理管控饮酒
↓
酗酒者罹患抑郁症的风险比常人高3.7倍，罹患阿尔茨海默病的风险比常人高4.6倍
P161

19

如何消除疲劳

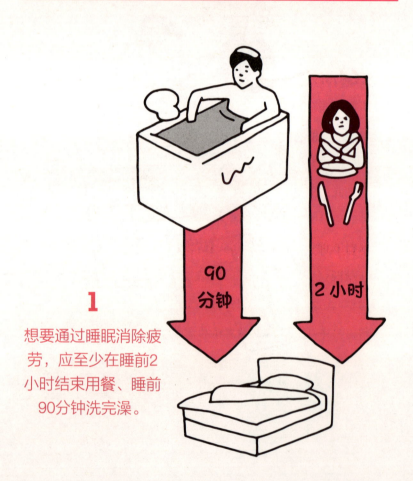

1

想要通过睡眠消除疲劳，应至少在睡前2小时结束用餐、睡前90分钟洗完澡。

90分钟

2小时

2

疲劳时不要一味地休息，
而应适当地运动。

合理消除疲劳
↓
目前"积极性恢复"
（active rest）的理念广
受人们关注

P164

20

睡前2小时决定睡眠质量

1

睡前可以泡澡、看书，或在光线昏暗的房间里放松。

2

避免进行玩电子游戏、吸烟、
剧烈运动等刺激性活动。

合理管控睡前2小时

↓

人体由"日间模式"切换
为"夜间模式"（即副交
感神经主要工作时）的时
间约为2小时

P168

41

21

愉悦的脑活动可以助眠

1

睡前15分钟最适于
记忆。

15 分钟

2

无论当天多么辛苦，也要保
持愉悦的心情入睡。

3

每天写三行"正能量日记"。

合理管控临睡前行为
↓
人的主观感受由"峰值"
与"终值"决定，我们应
善待"终值"

P172

22

提升工作专注力

1

起床后的2～3小时
是专注力较为集中
的时段。

2～3
小时

2

进行30～45分钟中等强度
以上的运动后，专注力能
得到进一步提升。

30 ～ 45 分钟

合理优化专注力
↓
"15—45—90分钟法则"
P176

23

如何激发动力

1

行动能带动情绪
变化。

2

"尝试"能调动积极性。

3

从常规工作入手。

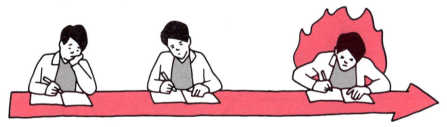

合理激发工作热情

↓

先着手尝试，然后静待大脑兴奋起来

P179

24

"以苦为乐"才能创造业绩

1
快乐让大脑状态
更佳。

2

小目标让我们更有成就感。

输入式

3

避免"输入式"工作，选择"输出式"工作。

合理管控工作方式
↓
人在快乐时，体内会增加多巴胺分泌
P182

输出式

25

人人都能激发灵感

1

大脑接收信息后，需要数周的"发酵"时间。

2

要在灵感乍现
的30秒之内将
它记录下来。

浴室　　　公交车　　　床　　　酒吧

3

在人洗澡时、移动途中
以及睡觉或喝酒时，灵
感更易受到激发。

合理有效地激发灵感
↓
在人疲倦时的创造力耗能
比平时增加20%
P186

51

26

万无一失的幻灯片演示法

1

幻灯片演示的准备工作、演示练习
及答疑策略的占比为6：3：1。

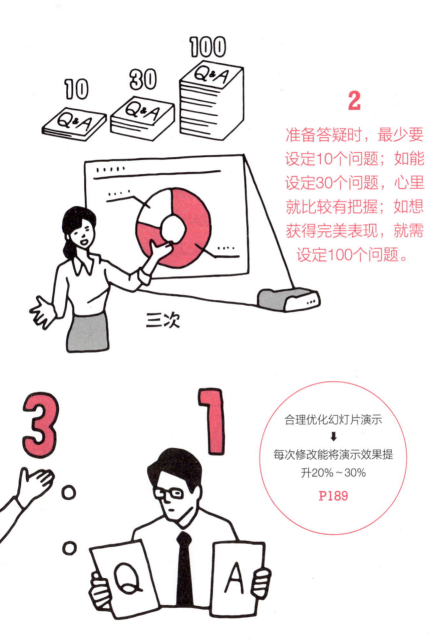

2

准备答疑时，最少要设定10个问题；如能设定30个问题，心里就比较有把握；如想获得完美表现，就需设定100个问题。

合理优化幻灯片演示
↓
每次修改能将演示效果提升20%~30%

P189

27

合理调控紧张情绪

1

说出"我很激动"。

我很紧张。

我很激动。

2

挺胸站直。

15秒

3〜5秒

3

将每次20秒的深呼吸重复3次。

15秒以上

合理调控紧张感

↓

适度紧张能提升专注力及临场表现

P192

28

合理使用智能手机

1

将智能手机的使用时间控制在每天2小时以内。

2 小时

2

将智能手机锁入储物柜以限制使用。

3

切忌无目的地玩手机。

合理使用智能手机
⬇
当人的注意力被智能手机吸引时，他的工作记忆（working memory）及专注力会下降10%、动态智力会下降6%

P195

29

营造舒适的居家办公环境

1

不要在办公用椅上休息。

工作

休息

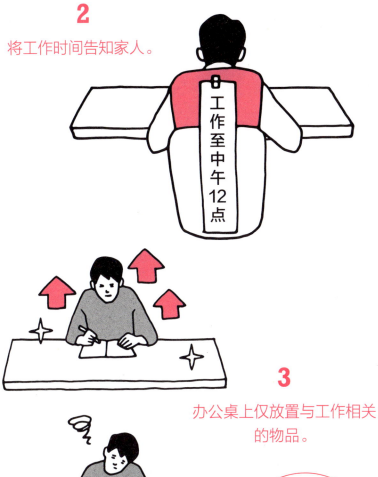

2

将工作时间告知家人。

工作至中午12点

3

办公桌上仅放置与工作相关的物品。

合理管控居家办公
（环境篇）
↓
营造特定空间与时间
段以集中精力办公
P199

30

掌握高效的学习法

1

"输入"与"输出"
的黄金比例为3：7。

反思

输入

输出

3 ： 7

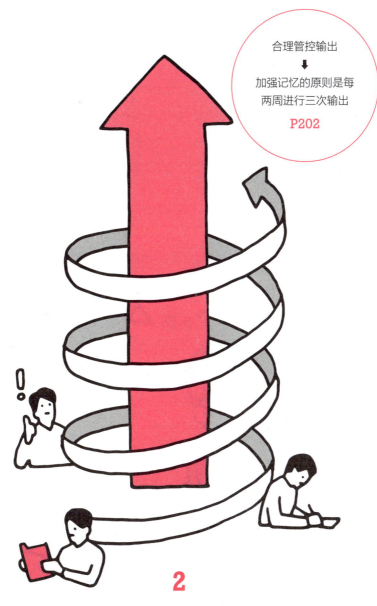

合理管控输出

↓

加强记忆的原则是每
两周进行三次输出

P202

2

打造"输入→输出→反思"的螺旋式
上升体系。

31

如何提高记忆力

有趣

1

考试复习时必须动
手写。

合理管控记忆

↓

书写能激活"网状激活系统"（RAS），从而强化记忆

P205

2

轻度运动有助于记忆。

3

如果睡眠时间少于6小时，人的记忆力就会受影响。

6 小时以上

15 分钟

32

输入式学习法

1

不进行输出，大脑
会很快遗忘输入的
内容。

不进行

33

擅于阅读、精于阅读

1

打造"阅读 + 实践 + 自查"的螺旋式上升体系。

2

读书在精而不在多。

合理管控阅读
↓
书籍教给我们解决问题的方法，通过实践、反思，我们就能解决几乎全部问题

P211

3

随时记录读书体会，列出实践事项。

读书体会

实践

34

资格考试的备考诀窍

1

早上30分钟的学习效果相当于晚上90分钟的学习效果。

2

利用碎片时间默记。

3

记熟近5年的考试真题。

5 年的题量

优化资格考试的
备考方法
↓
与"限时工作法"并
用，灵活利用早晚时间
学习

P214

35

学会持之以恒

1

降低目标难度。

2

记录"完成"与
"未完成"日期。

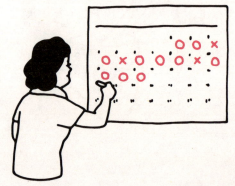

3

遵循"两日不做，第三日
必做"的规则。

优化自身的
持久力

⬇

只要严守"三日规则"，
无论完成一件事情需要多
长时间，都可以坚持下来

P217

36

不必刻意塑造职场人设

1

与亲戚、朋友之间的
交往占人际关系中的
八成。

2

十人中会有一人讨厌你、两人喜欢你，其余七人对你根本不在意。

3

善待攻击你的人。

合理管控职场
人际关系
↓
了解"1∶2∶7好感法则"

P222

37

多使用正能量语言

1

口出恶言会加重压力。

2

一句消极性话语需要用三句以上的积极性话语化解。

3

每天要说三次"谢谢"。

合理管控交际用词

↓

口出恶言会对身心造成伤害，还可能降低自身免疫力，甚至诱发多种疾病

P225

38

表达时的态度重于内容

1

讲话时的语调、音量以及身体姿态、面部表情比讲话内容更重要。

2

笑容可以帮助你赢得对方的好感。

3

与对方目光接触能让对方感受到关注。

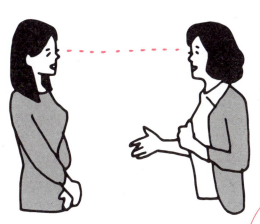

合理优化表达方式

⬇

我们在表达事物时，视觉信息占比55%、听觉信息占比38%，而语言信息仅占比7%

P228

39

向伴侣表达谢意

1

将对他的情意写入
"感谢日记"。

2

用积极性词语化解对方的消极情绪。

3

使用"谅解型表达"
传递自身想法。

合理优化夫妻关系
↓
两人共同营造一个正能量
空间
P231

40

夫妻关系影响居家办公环境

1

夫妻要像两只刺猬一样不断调整彼此之间的距离感，避免互相伤害。

2

丈夫居家办公时，主动帮妻子分担家务。

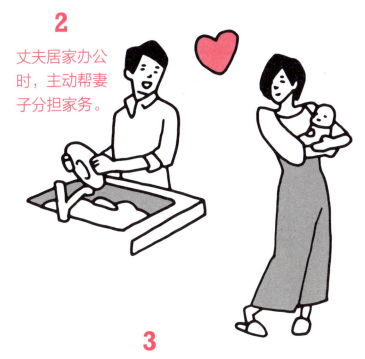

3

上午在家办公，下午可以去咖啡馆等地方办公。

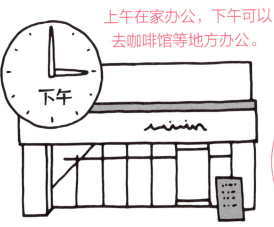

下午

minin

合理管控居家办公
（夫妻篇）

↓

在充分考虑对方感受的前提下，打造良好的居家办公环境

P234

41

艰难时更要管控好情绪

1

大脑陷入疲劳时，人的情绪就会出现波动。

2

控制情绪首先要保证每天7小时以上的睡眠。

3

对他人倾诉自己的
苦闷与烦恼。

4

早上散步能促进
血清素分泌。

合理管控情绪
↓
持续五天睡眠不足时，会
出现类似抑郁症及精神分
裂症的症状

P237

42

重视与人交往

1

孤独会给身心带来极其严重的影响。

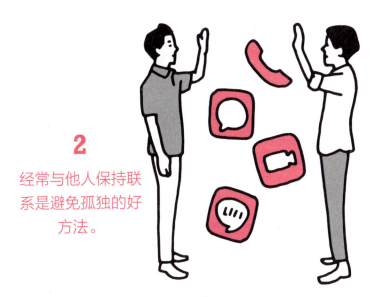

2

经常与他人保持联系是避免孤独的好方法。

3

相互支撑以维系人与人之间的情感纽带。

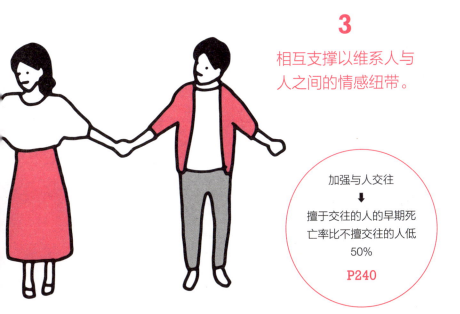

加强与人交往

⬇

擅于交往的人的早期死亡率比不擅交往的人低50%

P240

43

运动是健康的保障

1

每天走路时间不少于20分钟。

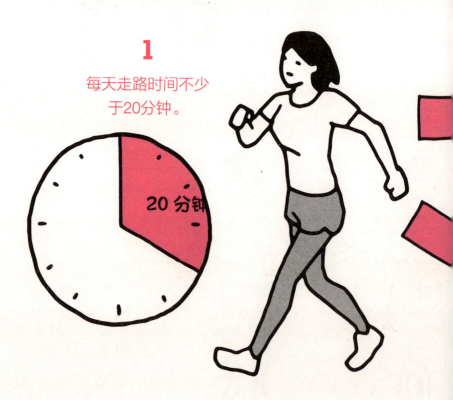

20分钟

2

每周进行两至三次慢跑。

早上

3

运动的最佳时段是早上起床后和傍晚4点左右。

傍晚

合理管控运动方式

↓

每天坚持20分钟快走，能大幅降低罹患中老年疾病的风险及死亡风险，使寿命平均延长4年半

P244

44

树立正确的减肥观

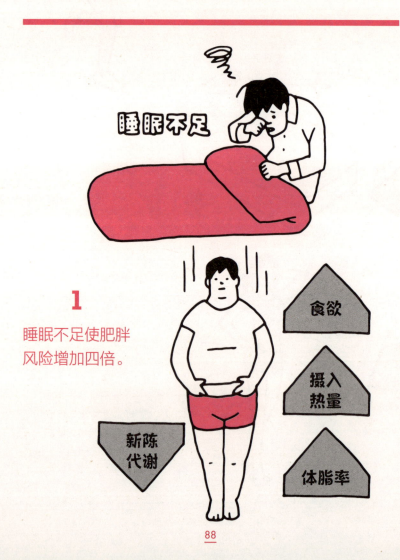

1

睡眠不足使肥胖
风险增加四倍。

2

每天称体重利于
坚持减肥。

3

早上散步也有助于
减肥。

合理管控减肥计划
↓
临床数据显示，睡眠时间
少于6小时的人日均摄入
热量增加385千卡（1千卡
≈4186焦耳）
P247

89

45

如何缓解压力

1

不要将积攒的压
力在夜晚爆发。

2

大睡一觉最能减压。

3

倾诉并不是为解决问题，
而是为缓解压力。

4

早上散步，其余时间适量运动有助于减轻压力。

合理管控压力

↓

越担心压力对健康造成影响，就越容易受到压力的影响

P250

46

如何正确补充水分

1

每天勤于补水。

1.5 升　　　**1 升**

2

人每天需要摄入2.5升水，其中1.5升来自饮水，1升来自食物。

3

避免从含糖饮料及酒中摄入水分，补充水分最好的方法是直接喝水。

合理补充水分

↓

早上起床后，血液因缺水而变得黏稠，需及时补充水分

P253

47

如何正确喝咖啡

1

咖啡能降低癌症、心脏病等疾病的患病风险。

癌症　心脏病　死亡率

2

在早上、休息时、运动前及运动过程中喝咖啡最佳。

学会正确地喝咖啡
↓
喝咖啡能使抑郁症的患病风险降低20%，使阿尔茨海默病的患病风险降低65%

P257

3

下午2点

喝咖啡的时间应在下午2点之前。

48

勇于尝试才能收获成长

1

做到学以致用。

2

心情舒畅对健康最有益，要相信自我感觉。

益于健康的事物

3

做事无须用尽全力，拿出九成干劲足矣。

合理管控行动

↓

重视自我感觉，凡事不要勉强，按照自己的步调行事

P262

49

永远抱有幸福感

1

幸福源于身心健康。

血清素式幸福

2

幸福源于人际交往。

催产素式幸福

3

幸福源于事业成功。

多巴胺式幸福

合理掌控幸福
↓
在幸福要素中，最重要的
是健康，其次是人际交
往，再次是事业成功

P265

50

了解成长的内涵，度过精彩人生

1

很多事情在努力初期仅能获得少量成果，但在后期会收效显著，这就是成长曲线。

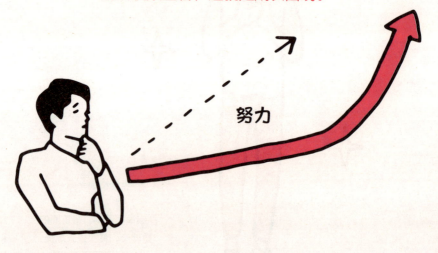

努力

2

每天使用积极性词语。

3

每晚睡前回想快乐的事，坚持下去就能收获幸福人生。

合理管控人生
↓
作为一名精神科医生，我认为做到这三点就能尽享美好人生

P269

101

第 **II** 部 分

论述

合理管控行为，

打造完美的每一天

51
合理管控晨间行为

- 一日之计在于晨

  ——合理管控起床时间

- 根据自身体质安排事务

  ——合理管控早晚行为

- 睡醒是高效的保障

  ——合理管控醒时

- 出门前应完成的事务

  ——合理管控晨间事务

- 让身心焕然一新

  ——合理管控早上散步

- 时间生物学给出的佐证

  ——合理管控早餐

- 善用大脑的黄金时间

  ——合理管控通勤时间

- 显著提升工作效率

  ——合理管控初始性工作

一日之计在于晨

合理管控起床时间

早上几点起床对健康最有益？
早起真的有益于健康吗？
接下来将介绍如何管控起床相关的行为。

定下每天的起床时间

　　谈到起床时间与健康之间的关系，最重要的并不是起床时间，而是每天应该在相同时间起床，这样才最益于健康。严格地说，我们每天应该在同一时间睡觉、同一时间起床，让身体作息更有规律，养成良好的生活习惯，才能享有健康的生活。

　　熬夜、通宵以及假日睡懒觉的习惯对健康并无益处，因为此时人体生物钟已出现紊乱。如果某一天的睡觉及起床时间与平时相差2小时以上，生物钟就会出现紊乱。

　　所谓生物钟是以人体的激素、神经递质以及脏器活动规律为基础的计时方式。比如，当某人作息昼夜颠倒时，生物钟就会出现紊乱，一些应在白天分泌的激素会在夜晚分泌，而应在夜晚分泌的激素又会在白天分泌。由此导致身体状态不佳、睡眠不足，并最终危害健康。

一旦人体生物钟出现紊乱，则至少需要几天的时间才能修复。那些每逢周末睡懒觉的人看似通过睡眠补充体力，实际却导致了生物钟紊乱。对他们而言，周一早上起床会变得苦不堪言。而且，由于人体修复生物钟需要几天时间，所以他们在近半周时间里精神都处于低迷状态。

因此，每天应在相同时间睡觉、相同时间起床。严守此则就能让生物钟有规律地运行下去，从而保持充沛的精神状态。

早起的利弊之论

之前有一本畅销书中提到"早上4点起床利于身体健康"，这种观点引起了人们的广泛关注。书中认为，早上4～5点起床能显著提升工作效率。那么事实究竟如何呢？

这种做法对于能自然早起的人适用，对于苦于早起的人并不适用。

那么，为什么有些人能早起，而有些人却做不到呢？英国剑桥大学的研究结果显示：常在早上6点之前起床的人，罹患心肌梗死、脑卒中等循环系统疾病的风险比其他人高出约40%，罹患糖尿病、抑郁症等疾病的风险比其他人高出20%～30%。而且，早上4～5点通常是太阳尚未升起的黑夜，不利于生物钟复位，所以并不益于健康。不过，擅于早起的人体内生物钟的适应力很强，即便早起也能保持健康及高效的工作状态。但是，这种情况并不适用于所有人。

那些苦于早起的人大可不必勉强为之。我认为早上不一定要早起，相比之下，起床后1小时内去散步更利于生物钟复位。

复位生物钟比早起更重要

比早起更重要的是复位体内生物钟。通过早上散步、沐浴晨光可使生物钟复位，从而开启崭新而愉悦的一天。

如果没有沐浴晨光，体内生物钟就很难复位而一直处于紊乱状态，会出现类似"时差症"的症状。这种状态不仅影响工作效率，还会增加罹患中老年疾病、自主神经紊乱、抑郁症的风险。

那么，究竟几点起床较好呢？

答案是从上班时间回推2小时为最佳。例如，你9点上班，通勤路上及穿衣打扮各需要1小时的话，最佳起床时间就是7点。如果想保证7小时的睡眠时间，至少要保证7个半小时的就寝时间，如此算来必须在晚上11点半之前就寝，才能在早上7点起床。如果早上散步或运动，还需再早起30分钟。

为了让每一天都活力满满，请养成早上散步的习惯，哪怕只有5分钟也是好的。如果受客观条件所限，也可以利用通勤时间散步。

根据自身体质安排事务

合理管控早晚行为

我想很多人都不习惯早起，
然而只要比平时稍微早起一点就能转变为"早起型"，
从而实现早上时间的高效利用。
下面介绍一下如何从"晚睡型"转变为"早起型"。

早起或晚睡取决于基因吗

我曾在网上看到一篇报道，里面提到人们早起或是晚睡的习惯由自身基因决定，是无法改变的。从严格意义上讲，该结论并不正确，因为基因并不是人们养成早起、晚睡习惯的决定性因素。

现已发现人体内有十几个与生物钟调节相关的重要基因，算上其他次要基因，共有350个以上的生物钟基因。正是人们所拥有的生物钟基因的数量决定了个体早起或晚睡的习惯。不过，基因影响力的强弱等级不能简单地用0或100划分。有数据显示：拥有最多生物钟基因数量的人比拥有最少生物钟基因数量的人平均每天早睡25分钟。由此可知，所谓基因对于人们早起、晚睡行为的影响力不过25分钟。

另外，基因是有开关的。大多数基因在平时处于关闭状态，当环境或生活习惯发生改变时，某些基因才会开启或关闭。不良生活习惯易激活致病基因，良好的生活习惯易激活健康基因。

可见，基因受环境因素的影响很大。所谓"早起或晚睡的习惯由基因决定而无法改变"之说是错误的。

另外，在调查不同年龄层人群的睡眠习惯时发现，人会随着年龄增长而逐渐提前起床时间。即被调查人群的年龄越大，早起的人在被调查总人数中所占的比例越高。如果这些习惯都是由基因决定而无法改变的话，那么无论在20多岁的人群中还是60多岁的人群中，有早起、晚睡习惯的人所占的比例应该是一致的。由此可知，年龄是养成早起、晚睡习惯的重要因素。

我之前是典型的晚睡者，从43岁之后，逐渐变成了早起者。所以，那些有晚睡习惯的人完全有可能重新养成早起的习惯。早起、晚睡习惯不仅受制于基因，更受制于个人生活习惯，这些都可以通过后天努力而改变。

早起和早上散步比早睡更有益

一天共24小时，而实际上人体生物钟的时间长度是24小时10分钟（日本人的平均数据）。可见，生物钟要比24小时略长一些。当然，不同个体间的生物钟时差也可能相差10分钟以上。比如，有的人的生物钟为24小时，有的人则为24小时20分钟。

生物钟越接近24小时的人，越容易顺应自然时间早起。那些生物钟长于24小时的人则很难顺应自然时间，所以成为晚睡者。之前已讲过，生物钟的长短取决于体内的生物钟基因。

由于生物钟能在阳光的作用下重新复位，所以只要每天能及时复位生物钟，晚睡者也可以在早上变得活力满满。当你越习惯晚睡时，你越无法及时复位生物钟，也就越难早起。长此以往，可能连上班、上学的动力都没有了。

沐浴晨光并不能左右人们的早起、晚睡习惯，不过，你如果想过上高质量的健康生活，就应该养成这个习惯。

由晚睡型转变为早起型的关键并非早睡，而是应做到早起。当你决定将早上时间提前15分钟时，你就应早起15分钟，然后出去散步，充分沐浴阳光让体内生物钟复位。经过15～16小时后，人会产生困意，在夜晚犯困时入睡最好不过。

反之，以提前睡觉时间的方式调节生物钟，效果并不理想。因为生物钟的复位基准就是"早上"。只有养成早起、早上散步的习惯，才能顺利将晚睡模式转变为早起模式。不过，一下子将早起时间提前太多会让生物钟难以适应。我们可以先将目标定为早起10～15分钟，如此循序渐进让身体逐步适应。

改善生活习惯让生物钟适应于早上

早上沐浴晨光可以让生物钟快进。然而，如果晚上总是受到智能手机等电子设备的高强度蓝光的影响[1]，生物钟就会滞后。

---

[1] 电子产品都采用了白光LED新型人造光源技术，而白光LED背光源给屏幕制造白光的原理是：蓝光LED芯片+YAG（淡黄色荧光粉），LED芯片先发出蓝光，然后蓝光穿过淡黄色荧光粉产生黄光，蓝光与黄光混合而形成屏幕的白光。为了让手机等电子设备的屏幕的白光更白，画面颜色更鲜亮，色彩对比度更高，就要加大蓝光的剂量和强度，使得平时与我们朝夕相处的电子产品都暗藏着强度很高的蓝光。——译者注

另外，夜晚喝咖啡或进行剧烈运动也会导致生物钟滞后。

　　很多人都知道晚上喝咖啡会影响睡眠，但仍有些人习惯夜晚喝咖啡，他们已出现生物钟滞后现象，即便偶尔一天不喝，其睡眠质量也很差。有些"夜猫子"习惯在夜间打游戏、玩手机、看电脑，这些散发蓝光的电子设备会导致体内生物钟滞后，所以任何人都有可能变成"夜猫子"。即使你拥有早起基因，如果受到外界环境的强烈刺激，也会转变为晚睡者。

　　生物钟滞后是失眠的主要原因，对健康极为不利。无论你是早起型还是晚睡型，都应通过早上散步及时复位体内生物钟、激活血清素，从而保证一整天都处于最佳状态。

好习惯修炼手册

睡醒是高效的保障

合理管控醒时

很多人早上很贪睡，
即便闹钟响了也起不来。
下面教你如何在起床后充分清醒。

拉开窗帘睡觉

对于苦于早起的人，我建议你拉开窗帘睡觉。只需做到这一点，你就更易睡醒。

血清素是与睡醒相关的神经递质。当人体受到日照时，血清素就会被激活并开始分泌。此时，人会感到清爽、愉快。反之，当血清素分泌不足时，人会感到压抑、郁闷。

早上刚睡醒时是人体一天中血清素含量最低的时段，所以人们苦于早起。如果拉开窗帘睡觉，早晨的阳光会从窗户直射进来，于是血清素会在闹钟响之前被激活并开始微量分泌。当血清素在自己设定的起床时间开始分泌时，你会感到非常愉悦。不过，拉开窗帘睡觉会涉及隐私安全问题，让女性略感不安，还有一些人觉得拉开窗帘导致街灯照入室内，从而影响睡眠。鉴于这两种情况，我建议不必将窗帘全部拉开，只需拉开15厘米左右睡觉即可。或者也可以使用自动开合窗帘装置，将此装置连接智能手机，然后预设起床时间，到时间窗帘就会自动拉开。当阳光照入室内时，我们就能在预设时间自然醒来。

对于无法安装此装置的人，可以在闹钟响时即刻拉开窗帘。否则，无论过多久血清素也很难被激活。那些喜欢睡回笼觉以及赖床的人，正是因为没有阳光的刺激，才总觉得睡不醒。

通过起床冥想开始新一天

无论是早上自然醒来还是被闹钟叫醒，醒后10秒大脑都处于混沌状态。很少有人能精神饱满地即刻爬出被窝，大多数人都会赖一会儿床，等大脑稍微清醒一些之后再离开床铺。其实，我们可以充分利用赖床的几分钟时间。

当我们睡醒睁开眼睛躺在床上时，我们可以通过思考让大脑逐渐清醒。此时适于进行健康自测与意象训练。

下面先进行健康自测。

- ☑ 睡得好不好？
- ☑ 身体是否轻松？
- ☑ 身体是否倦怠？
- ☑ 是否未完全消除疲惫感？
- ☑ 身体各处是否疼痛？
- ☑ 当日精神状态是否饱满？

通过自我扫描检查全身状态，与自己身体进行一次"对话"。同时，我们还可以给当日的身体状态及情绪状态打分。打分时可以完全凭借主观感觉，在日记本上或用手机应用软件记录每天分数。当低分状态一直持续时，可以通过与之前的数据比较，发现自身状态的变化。

完成健康自测之后，应进行意象训练。所谓意象训练就是以积极乐观的心态设想当天将要发生的一切事物，凭借主观想象塑造出完美的一天。例如，我在早上会想，今天写新书第一章的第二节，上午要写完5000字；下午要与他人商谈，并确定今后的工作安排；晚上与A先生一起吃饭，好久没见他了，这顿饭一定会吃得很愉快。通过冥想在脑中梳理出当天早中晚各时段的工作内容及时间安排。或者通过冥想给当天工作设立一个目标，并下定决心完成它，以此激发自身干劲。

设定目标会促进大脑中多巴胺的分泌。多巴胺是激发快乐情绪的幸福物质，能显著提升人们的主观能动性。多巴胺的分泌能激活大脑，使其处于兴奋状态，从而让大脑彻底苏醒。

我将早上的健康自测与意象训练统称为"起床冥想"，进行冥想的重要一步就是睁开眼睛。只有睁开眼睛，才能促使血清素分泌，让大脑在3~5分钟内逐渐清醒过来。

早上最忌讳的就是睡回笼觉，给闹钟设定"贪睡"及"延时"功能的做法也不可取。赖床15分钟并不能消除疲劳，而且一旦陷入深度睡眠，再次起床会变得更加痛苦。

出门前应完成的事务

合理管控晨间事务

有些人睡醒之后离开床铺，
仍觉得犯困，大脑处于混沌状态。
为了提振自身状态，需要合理管控一系列晨间事务。

合理规划晨间事务

在我们刚起床时，大脑意识尚不清晰，我们很难思考下一步应该做什么。所以，我们需事先规划起床后的一系列事务，之后照做即可，这样不仅利于大脑彻底清醒，还能提升自身行动力。

大脑并不能在睡醒后即刻开始活动，只有当身体开始运转时，大脑才会被激活，从而激发行动意愿。如果能有效而合理地管控晨间事务，大脑与身体就会被充分激活，开始调整状态，准备迎接新一天。

我先介绍一下自己的晨间事务流程：首先，离开床铺去卫生间，脱掉睡衣称体重。然后，喝一杯温水，再去沐浴、剃须、梳理头发，然后穿衣出去散步。散步回来之后，整个人的体力与精力都非常充沛，开始伏案写作。约1小时后，简单吃个早餐。

每个人的生活及工作环境各不相同，请认真思考一下如何在现有环境中合理管控晨间事务。

固定称重时间

如果想控制好体重，就必须在每天早上称重并做记录。通过记录才能实现对体重的严格管控。如果你经常忘记称重并记录，那么说明你对于减肥的态度并不积极。

让我们一边默念"减肥加油！"，一边踏上体重秤吧。话虽如此，每天称重、记录的确很麻烦。在此，我推荐大家使用智能体重秤。将智能体重秤与智能手机连接后，每次的称重数据会自动上传并保存在智能手机中。通过自动制表功能，我们可以清晰地看到自己体重的变化，借此增强减肥信心。

如果没有固定每日称重的时间和条件，就无法获得准确数据。最佳做法是早上起床去卫生间完成排便、排尿之后，再称重。

早起一杯水

早上起床之后，必须做的事情之一就是喝水。

为何早起喝水如此重要呢？这是因为人在夜晚睡眠时会通过汗液等流失约500毫升的水分，所以起床时人的血液处于黏稠状态，换言之，绝大部分人在起床后都处于缺水状态，如果此时进行剧烈运动，那么很可能引发心肌梗死、脑卒中等疾病。

实际上，早上6~8点正是易引发心肌梗死的高危时段。

另外，喝水还能激活消化道功能，使其收到"开始新一天"的信号，以实现消化道生物钟的复位。不过，此时喝冰水会影响肠胃健康，应该喝温水。关于如何补水，我会在"合理补充水分"中进行详细论述。当人体缺水时，大脑及身体很难展现出应有的良好状态。

那么，就让我们从早上一杯温水开始新一天吧！

早起淋浴

如果起床后很长时间，你的大脑仍处于混沌状态，我建议你冲个淋浴。我也不擅于早起，而淋浴能让大脑瞬间清醒，进而顺利开始一天的事务。淋浴可以让人体的自主神经由"夜间模式"（副交感神经主要工作时）切换为"日间模式"（交感神经主要工作时）。

淋浴的益处就在于激活交感神经系统。当交感神经被激活之后，心跳频率及体温会逐步上升。当心跳频率及体温上升之后，交感神经才会被有效激活。用42摄氏度左右的水淋浴，对于唤醒身体较为有效。如果热水澡不足以让自己清醒，那就冲个冷水澡让大脑及身体彻底清醒。寒冷也可以激活交感神经，促进血压及心跳频率升高，这被称为"寒冷升压"。此时需注意当热水突然变为冷水时，会对心脏产生不良影响，我们应用1~2分钟将水温逐渐调低，当水温彻底变凉之后再开始淋浴。研究证明，仅1分钟的冷水澡就具有激活线粒体、促进新陈代谢、减脂等功效。

我每天早上都会冲冷水澡，起初很难适应，习惯之后反而觉得非常舒服，这也是我在早上保持良好状态的秘诀之一。如果你早上没时间冲凉，可以选择用冷水洗脸。虽然很多人习惯用温水洗脸，但是如果用温水洗脸不能很好地让大脑清醒，你就可以试试用冷水洗脸。

让我们通过早起淋浴让身心焕然一新，开启活力满满的一天吧！

让身心焕然一新

合理管控早上散步

本书介绍的50项日常行为的管控规则，
其中首要一项就是早上散步，
希望各位先做到这一点。

简单易行的保健法

我认为，调整身心的最佳生活习惯就是睡眠和运动，而较为有效且简单易行的运动方式就是早上散步。每天散步20分钟能调整睡眠，消除运动不足带来的影响。

所谓早上散步是指在起床后的1小时内，用最少5分钟，最好15～30分钟时间进行有节奏的快走。

散步有三种功效：①激活血清素；②复位生物钟；③促进体内维生素D的合成。

血清素是控制人的清醒程度、心理状态、欲望及情绪变化的神经递质。当我们清晨来到室外时，产生的"清爽""愉悦"的幸福感，正是血清素分泌的结果。那些早起后情绪低落、想赖床、不想上班的人，大都血清素分泌不足。另外，当大脑处于疲劳状态或人患有抑郁症时，人体内血清素的含量也很低。

血清素被称为大脑指挥棒，只有血清素含量达到一定水平才能保证多巴胺、去甲肾上腺素等神经递质正常分泌，从而有效管控情绪。那些易焦虑、易赌气及易怒的人都是因为体内血清素分泌不足，他们更应该积极地进行早上散步。每到傍晚，人体会利用血清素合成睡眠物质褪黑激素，从而有助于实现深度睡眠。

如果你早上充分沐浴阳光让生物钟复位，那么困意会在此后的15～16小时出现。对于睡眠质量不高或是靠安眠药才能入睡的人，首先应尝试早上散步。当然，如果配合其他运动就能更显著地提升睡眠质量。

有研究证实，运动最好选在早上进行。当血清素充分分泌时，人的精神状态及身体状态会更加饱满。可见，能促进血清素分泌的早上散步是一种很好的保健方法。

循序渐进

早上散步是为了沐浴晨光，通过血清素的激活，生物钟才得以复位。对健康的人而言，仅散步5分钟就能达到上述效果。天气晴朗时，你的困意会在来到室外的瞬间一扫而空，整个身心都沉浸在清爽、愉悦的氛围中。

之前，我曾在书中建议进行15～30分钟的早上散步，现在我建议你首先尝试早上散步5分钟。你如果觉得"每天散步"的目标难以达成，那么可以先从每周散步一两次做起。你在实践之后会发现，早上散步的确能愉悦身心。于是，你将不满足于5分钟的早上散步，逐渐将散步时间延长至10分钟，甚至15分钟。当你养成早上外出散步的习惯之后，早上散步次数也会随之增多。

早上散步的终极目标是每周三四次，每次15～30分钟。

另外，还需注意走路方式。由于节奏性运动能激活血清素，走路时应避免低着头、拖着脚。我们应挺直上身、目视前方，按照"1—2—1—2"的节奏快步行走。掌握好走路的节奏，能更有效地激活血清素。

亦可晒太阳

对于老年人或患有精神疾病的人而言，早上散步5分钟也是一种奢侈，那么不妨选择晒5分钟太阳。

只要沐浴在阳光中就能充分激活血清素、复位生物钟。所以，在室外晒晒太阳对身体也极为有益。那些无法外出的人，可以在自家阳台或檐廊下晒太阳。如果室内阳光照射充足，那么在屋里晒太阳也具有一定效果。再或者，哪怕早上只是在有阳光的房间里吃个早餐，也是不错的选择。

时间生物学给出的佐证

合理管控早餐

你是否因为贪睡而省去早餐，仅用一杯咖啡代之？

早餐决定了当日状态，是三餐中最重要的一餐，

所以请务必吃早餐。

赖床与低血糖有关吗

造成上午状态不佳的原因有三种：低血压、低血清素、低血糖。

众所周知，低血压者一般不擅于早起，还会经常出现意识不清及心神不宁的症状。我们可以通过起床后测量血压，确定血压是否正常。

繁忙的工作让现代人身心俱疲，当大脑疲劳时，血清素就会分泌不足。前文中已讲过，早上散步能激活血清素。很多人起床后心情不佳，但是散步回来之后变得神清气爽，这正是血清素在起作用。

影响早起的第三个原因是低血糖。因为我们在入眠时并未进食，所以早起后是人一天中血糖含量最低的时段。当然，血糖含量的应激性存在较大的个体差异，有些人不吃早餐也能保持精力

充沛，而有些人则会出现头脑不清醒、身倦乏力等情况。由于患有低血糖的人在早上状态不佳、没有食欲，因此会不吃早餐。其实，这样只会进一步恶化身体状况。如果觉得早餐没必要吃得太饱，可以只吃一根香蕉，以逐渐改善低血糖症状。

我时常听到诸如"一日两餐更健康""不吃早餐更健康"之类的言论。在此，我想提醒各位，忽视自身身体情况而一味模仿他人的做法十分危险。有些人即使一天只吃两顿饭，也能保证一整天精力充沛；有些人正是因为吃了早餐，才能保证上午良好的工作状态。关键是用餐次数要因人而异。

早餐能复位生物钟

近几年，与人体生物钟及生物钟基因相关的时间生物学研究进展显著，这些研究也间接证实了早餐的重要性。

笔者之前已在"合理管控早晚行为"中对生物钟进行了论述。这里需要补充的是，生物钟具体分为两种，即"大脑生物钟"与"周身（各脏器）生物钟"。大脑生物钟通过沐浴晨光得以复位，而周身生物钟则通过吃早餐得以复位。从严格意义上讲，沐浴晨光、吃早餐能够促进两种生物钟的同步。

早餐激活消化器官，使体内血糖含量上升，并将能量物质输送给各脏器。当各脏器接收到"开始工作"的信号后，生物钟复位至早上，各脏器也从"夜间模式"切换为"日间模式"。一旦生物钟紊乱，人体的激素含量、神经递质分泌以及自主神经系统也会出现紊乱，导致身体出现各种不良反应。

所以，吃早餐非常重要，这是时间生物学给出的结论。

早餐应细嚼慢咽

有些人受时间所迫，吃早餐时习惯简单几口了事，我并不建议如此进餐。因为咀嚼是人体的一种节奏性运动，细嚼慢咽能有效激活血清素。不仅是早餐，我们平时进餐时也应细嚼慢咽，这样不仅能让营养的吸收速度与血糖含量缓慢上升，还能产生饱腹感以防止过度进食，间接起到了减肥效果。

人体唾液具有杀菌效果，能有效防止细菌、病毒的入侵及繁殖。细嚼慢咽能刺激唾液分泌，从而提高人体免疫力。很多人建议"一口饭嚼30次"，我们平时很难做到这种程度。不过，我们可以在每吃一口之后放下筷子以防止自己连续进食，从而增加咀嚼次数。另外，切忌过多食用糖类，应保持脂质、蛋白质、维生素、无机盐、膳食纤维等各营养成分均衡。

如果你没时间吃正式的早餐，可以用香蕉代替，香蕉中含有生成血清素的色氨酸、糖类及维生素B_1等营养成分。

善用大脑的黄金时间

合理管控通勤时间

工薪阶层的通勤时间是尚未被充分利用的隐性时间。
接下来，介绍如何有效利用通勤时间。

用碎片时间运动

为了避免运动不足，保持身体健康，我们每天最少需要运动20分钟。这看起来不难，执行起来却并不容易。如果我们每天能快走20分钟，平均寿命就会延长5年。

如果能将通勤时间转化为运动时间，每天早晚各快走10分钟，就能有效避免运动不足。我曾观察过早晚通勤时的上班族，其中步伐矫健、快步行走的人少之又少。绝大多数人都走得比较慢，还有人边看手机边拖拉着脚步走。如此行走起不到任何运动效果。走路时应挺胸抬头、目视前方、自然摆臂，同时有意识地快走，或者选择不乘电梯走楼梯，以进一步增加运动量。仅行走10分钟就能刺激多巴胺分泌，当我们到达公司时，大脑已进入兴奋状态。

可见，利用通勤时间运动具有提升工作效率、促进身体健康的双重功效。

活用大脑黄金时间

大脑在起床后2～3小时内处于高效、有序的状态，这也是人一天中专注力高度集中的时段，因此被称作"大脑黄金时间"。此时的大脑仿佛一张干净的书桌，如果能合理使用这张"书桌"，我们的专注力就能持续几小时。

我认为，大脑黄金时间的价值超过傍晚及夜晚的3倍以上。很多人习惯下班回家后进行资格考试或外语相关学习，其实此时的90分钟不如早上的30分钟效果好。我们应该重视大脑黄金时间，利用早通勤时间学习、看书，借以提升自己。最不推荐的做法就是用智能手机毫无目的地浏览资讯节目，这好比在一张干净的书桌上堆满文件。我建议大家只浏览与自己职业或专业相关的资讯，以避免大脑陷入混乱。

通勤时处理电子邮件

我之后会在"合理管控初始性工作"中讲到"用5分钟查阅电子邮件"。一定有人觉得这是不可能完成的任务。然而，从善用大脑黄金时间的角度而言，耗费日常工作时间去处理电子邮件，无疑是一种浪费。所以，我们可以在通勤地铁中进行电子邮件的查阅及回复工作。

虽然我们在地铁里能做的事有限，不过查阅、回复电子邮件之类的工作即使站着也能完成。利用碎片化时间处理电子邮件，会给全天工作效率带来极大影响。无论是浏览公司相关文件，还是事先与各部门沟通联络，总之，利用通勤时间完成上班前的准备工作，能让你到达公司之后迅速进入工作状态。

好习惯修炼手册

显著提升工作效率

合理管控初始性工作

大部分工薪阶层在开始一天的工作时，
首先会打开电脑，查阅电子邮件及留言信息并回复。
那么，此种工作方式是否能提高业绩呢？

不要先处理电子邮件

我认为，每天一开始工作时就花费较多时间查阅、回复电子邮件是对于时间的最大浪费，也是对于人生的最大消耗。如前所述，早上是专注力高度集中的时段，早上30分钟的价值是傍晚及夜晚的3倍还多。如果早上开始工作时，花费30分钟查阅、回复各种电子邮件及信息，你跑完业务回公司的时间就会延后90分钟。所以，我们应该在专注力高度集中的时间完成最耗费精力的工作。至于查阅电子邮件之类的工作可以在休闲时完成，因为这类工作不需要高度的专注力。

也许有人会问"收到紧急电子邮件怎么办？"，还有人担心"不立即回复重要电子邮件会惹怒领导"。如果事出紧急，那么你可以在通勤时处理这类事务，不必等到上班。

我并不反对在一天的工作开始时处理电子邮件，而是希望大家能用5分钟搞定。对于非紧急的电子邮件，我们可以先放一放，先用一两小时啃下工作中的"硬骨头"，然后在休息时顺便回复对方即可。

制定工作项目表

当我们用5分钟处理完电子邮件之后，应写出工作项目列表，即当天应完成的具体工作内容，让自己对工作流程一目了然。

将"工作安排""收尾工作"及"首要工作"等统统列入表中，相当于对当日工作进行梳理。建议细化工作内容，将表中每项工作的完成时间控制在30～60分钟。

如果我们能在1小时内完成一两项工作，我们就会颇有成就感，从而刺激多巴胺分泌，进而保持积极心态进行后续工作。应将"大块"工作细化之后写进项目表。否则，可能耗费五六小时去完成一项工作，这样不仅打击自信心，还会引发懈怠情绪。

制定工作项目表的同时，应给每项工作的完成时间设定上限，因为优先顺序是重中之重。

先啃下"硬骨头"

高效利用时间的秘诀就是"在专注力高度集中的时段完成专注度需求最高的工作"。

所谓"专注度需求最高的工作"的概念因行业不同而各有差

异。不过，我认为所有高难度、高强度以及考验从业者的忍耐力、思维缜密性的工作都属于此类工作。对于备考生而言，学习各科目课程就属于此范畴。所以，先从此类工作入手显得尤为重要。

　　一想到这些难啃的"硬骨头"，人们就倍感压力。所以，绝大部分人选择将难题放到较晚时候处理。这样一来，我们要耗费早上的3倍甚至更多时间才能完成这些遗留任务，甚至陷入加班的窘境。

　　如果选择从"处理电子邮件"这类轻松事务开始一天工作，其结果就是降低工作效率，同时增加了无谓的工作时间。如果能在上午先完成那些令人头疼的工作，下午会轻松很多，这就像游戏中要先扳倒非玩家角色（NPC）怪物再处理其余小角色一样。

　　我在开始工作的1小时内可以写2000字，接下来的1小时内能写1500字，再下1小时内仅能写出1000字左右的文章。如果我每天的书写量是6000字的话，最初1小时的工作量占到总工作量的三分之一。如果我的精力高度集中，我就可以一鼓作气地完成当日工作量。

　　所以，我们要先啃下最难啃的"硬骨头"。严守此规则能让工作方式得到充分优化，工作效率也能获得显著提升。

52

合理管控日间行为

- 提高下午工作效率
  ——合理管控午休

- 劳逸结合
  ——合理管控休息

- 休息的重要性
  ——合理管控休息时机

- 下午适于沟通
  ——合理管控午后工作

- 会议的时间与时长
  ——合理管控会议及商谈

- 缓解焦虑的坚果
  ——合理摄入零食

- 视工作性质而定
  ——合理听音乐

提高下午工作效率

合理管控午休

如果想提高工作效率，合理管控午休非常必要。
然而，懒散的休息方式并不能恢复精力、消除大脑疲劳，
而这些因素都将显著影响下午的工作状态。

外出就餐为上策

我极力推荐的午休方式是外出就餐，这不仅利于调整自身精神状态，还能让大脑重焕活力。

当我们长时间处于同一环境中时，大脑会陷入疲劳，仅需改变所处环境，就能激活大脑海马体的位置细胞。所以，我不建议大家午餐时坐在办公桌前吃盒饭，至少应暂时离开办公区。

外出就餐时单程步行大概需要5分钟，这是提升大脑活力的最佳运动，步行10分钟就能刺激与记忆力、专注力相关的多巴胺分泌。反之，久坐会钝化大脑活力，影响全身血液循环，对身心毫无益处。所以，午休时步行5～10分钟对于提升下午的工作效率至关重要。

当然，也可以和同事或下属一起用餐，愉快的交谈能刺激催产素分泌。催产素是放松情绪的物质，不仅让我们放松，还能帮我们恢复精力。

汲取自然的能量

如果你囊中羞涩，难以负担每天外出用餐的费用，可以自带午餐去附近的公园吃。走进天蓝草绿的大自然，会让你身心放松，压力顿消。

经芬兰科学家研究证实，人每个月在自然环境中度过5小时以上，就能大幅缓解精神压力，让大脑更具活力，同时显著提升记忆力、创造力、专注力，还能有效预防抑郁症。

我们不必走入旷野深山，仅在城市街边的公园里吃吃饭、散散步，也能达到上述功效。每天利用午休的20~30分钟去公园放松一下，每个月的累计时间肯定超过5小时，如此简单就能放松身心、缓解压力。

总之，午休要走出公司，哪怕在公司的顶楼或中庭吃个盒饭也行。如果有条件外出就餐，最好选择开放式露台或者能望见绿地的座位。走到户外利于激活血清素，让已显疲态的血清素神经得到有效恢复。血清素与人的注意力及情绪控制密切相关，通过午休再次激活血清素能有效避免产生焦躁情绪，让午后工作得以顺利进行。

午休时，仅需走几步路就能接近自然，让身心得到放松、精力得到恢复，如果放弃就太不明智了。

午间小睡的益处

　　如果你上午的工作强度较大，体力、精力已消耗一空，或者由于前日睡眠不足而犯困，我建议你可以在午休时小睡一会。

　　美国国家航空航天局（NASA）的研究结果表明，午睡26分钟可以提升34%的工作效率、54%的注意力。午睡时长为20分钟左右时利于消除疲劳；当午睡时间超过30分钟时，其正向效果反而减弱；当午睡时间超过1小时时，大脑已陷入深度睡眠，睡醒后的大脑活力水平明显下降，而且长时间午睡会增加罹患阿尔茨海默病与糖尿病的风险，对健康毫无益处。

　　如果你中午没时间午睡或不便午睡，我建议你趴在桌上闭一会眼睛。只要闭眼休息几分钟就能起到类似小睡的效果，让大脑活力得以恢复。

　　当然，除了午休，我们在其他休息时间里也可以闭眼休息。尤其当你在工作中感到困倦不已时，你更应尝试这样做。

劳逸结合

合理管控休息

午后工作就是在与疲劳感作战。
高质量的休息能恢复体力、提高专注力，
这对于提升午后工作效率至关重要。

放下手机

很多人习惯在休息时拿出智能手机，回复一些私人信息或者玩一会游戏，遗憾的是这种休息方式没有任何良性作用。多数人认为"智能手机乐趣无穷"，而正是这种快乐的感觉进一步刺激了大脑活动。

休息时应该避免刺激大脑，使其充分休息。长时间浏览智能手机对眼睛毫无益处。处理视觉信息会占用八成脑容量，你浏览的视觉信息越多，大脑越疲劳。由于现代人在工作中长期面对电脑，每天处理大量的视觉信息，因此我们更应该在休息时摆脱视觉信息的侵扰，让大脑得到彻底的放松与休息。

工作时间用电脑已造成用眼疲劳，如果在休息时浏览智能手机则会进一步加剧眼疲劳。另有研究证实，长时间使用智能手机会导致专注力下降、情绪不安。

所以，让我们在休息时放下智能手机，让大脑充分休息，以提高下午的工作效率。

久坐不利于健康

之前，我在"合理管控午休"中讲过，久坐对于健康极为不利。澳大利亚悉尼大学的研究证实：人久坐1小时平均寿命会缩短22分钟。所以，我们每坐15分钟应站起来活动一下身体。

那些习惯在休息时看智能手机的人基本都是坐着的，这会加长久坐时间。此时，大脑及全身的血液循环会放缓，大脑活力及专注力水平下降。所以，我们在休息时应尽可能地选择走路。整日以同样坐姿面对电脑还会增加肩颈负担，进而加剧疲劳。我们日常可以做一些伸展运动以缓解肩颈不适，查阅图书或通过网络检索均能找到适合办公室一族的伸展体操。总之，我们要行动起来。

交流治愈疲劳

对于公司同事在茶水间里聊天谈笑的场景，我们并不陌生。其实，这种短时交谈是缓解疲劳的良药。因为交谈可以刺激催产素分泌，而催产素是能够使人产生放松感、幸福感的物质。

最近由于新冠肺炎疫情的影响，很多人都选择远距离办公或居家办公。有研究证实，在远程会议进行中适当穿插一些闲谈，不仅能增加参会人员之间的互动，还能提升工作效率。

不过，领导绝不可为了加深交流而刻意要求下属迎合。有研究结果显示：当领导对下属施加过大压力时，后者将无法得到充分休息。所以，恳请各位领导不要在难得的休息时间里谈论公事，谈些与工作无关的事才能让大家得到充分休息。

休息的重要性

合理管控休息时机

你如果觉得疲劳感逐日加剧，可能是没有掌握好休息的时机。
只要能在正确的时间休息，疲劳感就会一扫而空，
工作效率也会大幅提高。

休息需未雨绸缪

近年来，关于人们休息方式的研究屡见不鲜。在美国贝勒大学（Baylor University）进行的休息频率相关研究显示，短时频繁休息的效果更好。如果减少休息次数的同时不延长休息时间，那么无法消除疲劳。同时，该研究结果还指出，早上休息比午后休息的效果更好。

还有人使用测算办公时间的软件进行了研究，其结果显示，工作效率较高的人们的工作习惯是工作52分钟，休息17分钟。其他研究也证明，过度疲劳之后的休息并不能缓解疲劳，而且过度疲劳还会影响睡眠，使疲劳感延续到次日。

由此可见，我们应在过度疲劳之前休息。一般的规律是工作50分钟，休息10分钟。巧合的是，这种时间分配规律与初高中的课时及休息时间一致。因为"45分钟"是人们精力最为集中

的单位时段，再加上5分钟的准备时间，50分钟的时间设置比较合理。

我们一定要在过度疲劳之前适当休息，如果将这种疲劳感带回家，那么将很难通过休息使其得到有效缓解。

因势利导的休息

上文提到"每工作50分钟，应休息10分钟"，但对于大多数工薪阶层而言，实行起来并不容易。有些公司的休息制度是"每工作几小时才能休息一次"。

"工作50分钟，休息10分钟"是恢复大脑活力的最佳模式。如果你在公司无法践行这一模式，那么可以通过调整工作节奏来间接实现。比如，用50分钟处理耗费精力的核心工作，用另外10分钟处理电子邮件及往来电话等次要工作。

运动是良好的休息方式，所以看文件、打电话等能站着完成的工作，就尽量起身站着完成，以保持精神状态饱满。另外，领导还可以偶尔代替下属完成送文件、复印资料等跑腿工作，让身体动起来。如此一来，即便在工作时我们也能保证每小时起身运动一次，让身心得以放松。

时间管理

一般来说，人专注力较高的时间单位是15分钟、45分钟、

90分钟。实际上，该数据存在较大的个体差异。

有人很难保持45分钟注意力集中，而有些人则能保持90分钟以上，所以，我们只有充分掌握自身注意力集中的时段，才能高效利用时间，同时选择合适的时机休息，这就是"合理管控休息时机"的真谛。

20世纪80年代，意大利人弗朗西斯科·西里洛（Francesco Cirillo）曾提出一种工作25分钟、休息5分钟的时间管理方法——"番茄工作法"。一时之间，以此理论为基础的时间管理软件受到大众青睐，不过它并不适用于所有工作。这种时间管理法对于流水线作业及重复性工作而言具有一定效果，但是对于写作、艺术性工作等一旦开始便需要在一定时间内保持专注的工作并不适用。因为"25分钟"的时间单位过短，会影响上述工作的连续性。

对于简单的重复性工作而言，定时休息将提高工作效率。

很久之前我们就知道，将工作时间单位设定为30分钟时，最初和最后5分钟的工作效率最高。所以，"番茄工作法"所倡导的"在规定时间内工作、规定时间内休息"的理念具有一定科学性。不过，我们在践行此法的同时，需根据工作内容及个体专注力时间差异对"25分钟+5分钟"的时间规划做出合理调整。

好习惯修炼手册

下午适于沟通

合理管控午后工作

有的人一到下午就感到疲倦，
工作状态不佳。
下面介绍如何有效提高午后工作效率。

如何应付犯困

很多人会在午饭过后的下午2点左右感到困倦难忍，为什么此时段的困意会如此强烈呢？

其原因之一可能是血糖骤降引起的。如果午饭以糖类为主，血糖浓度会快速上升，刺激胰岛素（降低血糖的激素）大量分泌，使血糖骤降。另外，当人产生饱腹感时，食欲肽（orexin）会减少。食欲肽与清醒度密切相关，所以当食欲肽减少时人就会犯困。

因此，午饭应避免以糖类为主，需注重营养均衡。在开始用餐时，可以先吃蔬菜沙拉抑制血糖上升。同时，还应避免快食、一口多食，不要吃到十分饱，应控制在八分饱。

最近还有研究证明，即使人不吃午饭，在下午2点左右也会犯困。这是因为人体通过昼夜节律交替控制自身的"醒时"与

"困时"。人在起床之后的8小时与22小时的时候最易犯困。你如果早上六七点起床，就会在此后8小时的下午两三点犯困。

为防止犯困，我建议大家短暂午睡（不超过30分钟）。

另外，夜晚睡眠不足会加剧午后犯困，我们应保证至少6小时、最好7小时的夜晚睡眠时间。

午后用于沟通

午后时段最适合从事的是沟通交际类工作，具体包括会议协商、下达指令、确认及调整各类事项、电话联络以及回复电子邮件等。此外，复印文件、印制出版物、开具账单、银行转账等非事务性工作及手工作业也适合在下午完成。

我们可以将这类工作记入"工作项目表"，如果感到事务性工作效率下降，可以用这类工作调整状态。此类工作无须高度专注，在略感疲惫时也能完成。平时工作时，可在高难度工作之间穿插协商、洽谈以转换心情，沟通交际具有振奋精神的效果，能让之后的工作更顺利。

严控工作时间

大脑在午后易疲劳，很难像上午一样保持长时间专注力集中的状态。因此，我们需以15分钟和45分钟为时间单位规划午后工作。

规定每项工作的完成时间，比如用15分钟完成A工作、用45分钟完成B工作，可用计时器计时。一旦规定了时间，就会产生紧张情绪，紧张情绪会刺激人体去甲肾上腺素的分泌。去甲肾上腺素的适量分泌能提高专注力、记忆力，有助于提高工作效率。这种时间控制法非常有效。

我在实践中发现，使用鸣叫式计时器会影响自身专注力。如果规定时间为15分钟，最好选用15分钟的沙漏。例如，我决定用15分钟处理完电子邮件时，会随即倒转沙漏，由此产生的适度紧张感让我用比平时更短的时间完成了工作。

一旦决定了下班时间就要严格遵守。当你决定晚上7点下班时，你就相当于在践行这种时间控制法。另外，还有一种更为严苛的时间控制法，就是在工作之后加入其他计划。例如，当你预订了晚上7点半的电影票时，你就需要在7点前完成工作、离开公司。这种"到点之前必须完成"的紧迫感会促使你大大提升工作效率。

不过，在实践此法的时候，切勿将工作安排得太满，以免打消自身积极性。考虑到下午的工作状态大不如上午的，预先制订工作计划就显得尤为重要。

会议的时间与时长

合理管控会议及商谈

我常听到有人抱怨非必要会议太多，

不过，这类会议似乎从未消失。

那么，这些会议和商谈是否真的有必要呢？

只开必要的会

我认为，会议和商谈基本都是在浪费时间。大家需要调整自己的时间来配合会议时间。如果每天都开会，无疑会降低整体工作效率。

如果开会只是为了传达及确认某些信息，那就没必要开会。有些会议声称是"决议"，其实质是通报结果，会上几乎不会否定之前的决议。如果会议能激发双向创造性思维、提高与会者的积极性、促进意见交流，那就有开的价值，不过很少有公司能将会议进行得如此高效。目前，多数公司因受到新冠肺炎疫情影响将会议从线下转至线上。实践证明，线上会议不存在任何障碍。这也从另一角度证明，线下举办的多数会议并无实际意义。

我一般不开会，即使面谈也会将次数压缩到最少。具体而言，我会在完成一本书之前与编辑碰面两三次，因为对方很难将重要工作委托给素未谋面的人，之后的联系用短信或聊天软件足矣。至于签订合同、商定薪酬、确定设计方案、看样品等必须面谈的事项，通过几次会面便可完成。

大多数工薪族没有会议的决定权，但是对于商谈这类可由自己把控的事务，应坚决做到高效、简洁。

在午后开会

上午开会是浪费时间，这段时间应留给更重要的工作。当然，你如果能断言开会是最重要的工作，也可以选在上午开会。例如，签订价值十亿日元的合同、讨论关乎公司命运的方案等重量级会议完全可以放在精力充沛的上午进行。不过，这类会议在平时并不多见。

另外，有些公司习惯开早会。这些早会拖沓冗长，无助于提升员工的积极性，希望这类公司思考一下早会的必要性。

会议、商谈类工作最好放到精力相对匮乏的下午进行。除了特殊情况外，我从不在上午安排面谈及采访，一般在下午3点至6点（即午后稍晚时间）进行此类事务。我在连续进行面谈时会严格规定每次面谈时间，绝不会无限度延时，从而保证自己在每次面谈时的精力与效率都处于最佳状态。

按时开会、按时散会

在开会时应做到按时开会、按时散会。有时，即便领导未按时参会，会议也应准时开始。只有让守时成为常规，所有与会者才会严格遵守时间。如果会议总是延迟5分钟开始，所有人也会不自觉地晚到，于是整个会议变得拖沓散漫。结束会议时也必须遵守预定时间。如果每次都能按时散会，所有与会者都会严格控制时间。

会议的最佳时长不是1小时，而是45分钟。因为一旦超过45分钟，人的专注力就会下降，即便延时也不能超过1小时。

我一般会在下午连续安排2～3件面谈事务。我会将第一个来访者安排在下午3～4点、第二个来访者安排在下午4～5点、第三个来访者安排在下午5～6点。如果不能按时完成每件事务，就会影响下一个来访者的面谈时间，所以我会严守预定时间。

事先确认时间尤为重要。如果开始就告知对方会议或面谈的时间，对方就会严格遵守时间，否则可能会造成拖延。

召开会议时，应让所有与会者都集中精力参与其中。会议时间越长，大家的注意力越不集中，会议质量也越差，这一点尤其要注意。

缓解焦虑的坚果

合理摄入零食

我们在午后疲倦或稍感饥饿时总想吃些零食。

那么，零食对健康有无益处，是否利于提升工作状态呢？

下面介绍如何合理摄入零食。

焦躁时吃些零食

当会议开了1小时还不结束时，你一定感到焦躁不安。

肾上腺素是一种会导致血糖上升的激素，保证人体在高度消耗热量的同时不引发低血糖。另外，肾上腺素也会在人发怒或焦虑时分泌，当会议延时让人感到焦躁不安时，肾上腺素的分泌能有效预防低血糖的发生。葡萄糖是大脑的能量之源。虽然大脑质量仅占人体总质量的2%，其消耗的能量却占到全身总耗能的20%。而且，大脑受到压力影响时，还会比平时多消耗12%的能量。

之前有报道称，日本象棋选手对战一天，体重会减轻2~3千克。可见，脑力工作会消耗大量能量，尤其当工作时间紧迫、工作内容繁重时，大脑会进一步消耗能量，于是便产生类似低血糖的症状。

如果下午工作状态不佳或者长时间参会、讨论让你烦躁不安时，可以吃些零食补充能量。当血糖恢复正常时，肾上腺素就会停止分泌，人的情绪会逐渐平稳下来，工作状态也随之提升。反之，空腹会导致过度焦虑、头脑不清、精力不集中。此时，与其勉强坚持工作，不如吃些零食更好。

一小袋甜食足矣

既然感觉累时可以补充零食，那么吃多少为好呢？一般而言，一小袋甜食即可。如果是巧克力，一次吃一大块反而不好。一次性大量摄入糖类导致的血糖浓度骤升，会刺激胰岛素大量分泌，如果体内同时伴有胰岛素抵抗，极易引发反应性低血糖，这不仅无法提升工作效率，有时甚至进一步加重了倦怠感，无异于舍本逐末。

出于健康考虑，人一天最多摄入热量为200千卡的零食及10克糖。如果你喜欢吃甜食，最好选择小包装，以便严格控制每次摄入的热量及糖分。选择大块巧克力或大包装甜食，容易不自觉地贪嘴多食。所以，小包装甜食为上乘之选。

坚果是首选

如果你正在减肥，我推荐你选择坚果作为日常零食。坚果耐咀嚼，易产生饱腹感。而且坚果的主要成分是脂肪，人体对脂肪的吸收速度较为缓慢，且食用坚果不会造成血糖浓度立刻上升。总之，坚果能缓慢补充能量，最适于用作零食。

　　有数据证明日常食用坚果的人在30年内因病死亡率将下降20%，罹患心脏疾病及糖尿病的风险也有所下降。可见，坚果是经科学证实的保健食品。

　　当然，日常食用坚果也需适量。一般而言，每天食用坚果的量应在30克左右，即手抓一小把的量。益于健康的坚果包括核桃、杏仁、腰果、夏威夷果，而花生的热量较高，过度食用反而有害。除坚果之外，我们还可选择奶酪、鱿鱼干、黑巧克力以及水果等作为零食。

　　最不适于作为零食的就是含糖饮料。很多人习惯在休息时喝这类东西，然而它们对身体并无益处。一般来说，每350毫升饮料的含糖量超过25克，其热量及含糖量均超过零食的允许范围。所以，我们平时应严格控制含糖饮料的饮用量。

视工作性质而定

合理听音乐

"工作时应该听音乐还是应该保持安静?",

这是很多人在意的问题。

下面介绍如何科学有效地听音乐。

工作前听音乐

关于音乐与学习及工作效率之间的关系的研究不胜枚举,其中的大部分研究结果显示,学习时听音乐会显著降低学习效率。也许这一结果会让音乐迷倍感遗憾。

英国的格拉斯哥大学(University of Glasgow)对人在四种声音条件下(快节奏音乐、慢节奏音乐、环境音、静音)的记忆力及注意力情况进行了研究,其结果显示:人在静音时这两项指标得分最高,在有音乐及环境音时的得分较低。尤其在播放快节奏音乐时,记忆力测评得分与静音时相比下降了50%。

与工作无关且能影响工作效率的声音被称为"无关联音效"。由于人的大脑很难做到一心二用,如果在学习工作的同时听音乐,会显著影响大脑的工作效率。此外,相比纯音乐带有歌词的歌曲会进一步加重大脑负荷、降低工作效率。

不过，日本东北大学的研究结果显示：人们在听完快节奏的音乐之后，记忆力有所增强。还有研究证实人听到喜欢的音乐时多巴胺分泌会增加，而该物质能增强记忆力与专注力。

我们可以在学习或工作之前听一些自己喜欢的音乐，尤其是快节奏音乐。一旦开始工作，就要关闭音乐，使自己在安静的环境中集中精力。另外，还可以在休息时听听音乐调整心情。

可见，灵活而有效地听音乐能大幅提升工作及学习效率，让你事半功倍。

工作中听音乐

之前谈到工作时听音乐会降低工作效率，这是针对电脑操作、文字编辑、数据计算等脑力工作。对于操作简单的自动流水线作业，比如组装箱体等，听音乐则能显著提升工作效率。实际上，已有公司通过播放音乐来提高流水线员工的工作效率。

总之，音乐对于工作效率的影响与工作内容密切相关。工作时听音乐会降低人的记忆力与理解能力，却能提升人的作业速度及运动能力，还能振奋心情。

很多外科医生习惯在做一些手术时听自己喜欢的音乐。虽然手术是一种脑力工作，但是医生已对具体步骤了然于胸，从而使部分手术近乎一种简单作业，而音乐则起到了非常好的辅助作用。

英国的布鲁奈尔大学（Brunel University London）的研究显示，让长跑运动员听《女王》《玛丽亚》等乐曲时，能够提升运动员的运动表现。可见，人在运动时听音乐能增强自身运动机能，该结论已被大量研究所证实。

"静音族"与"杂音族"

　　虽然有研究指出人在静音时的工作效率最高，不过，有些人在过度安静的环境中反而无法集中注意力。

　　瑞典斯德哥尔摩大学的研究结果显示，一些平时专注力不足的学生在白噪声（类似电视的"雪花"声）环境中的学习效率有所上升；而在安静环境下专注力较高的学生在此环境中的学习效率反而下降了。可见，环境音及少许杂音对人的影响存在个体差异。所以，有的人能在咖啡店里集中精力工作，而有的人则做不到。

　　"杂音族"可以在工作或学习时用小音量播放一些涛声、风声、鸟鸣等自然音，以提升工作学习效率。

53

合理管控夜间行为

- 会玩才会工作
  ——合理管控休闲娱乐
- 视频的增效作用
  ——合理看电视
- 杜绝每晚小酌
  ——合理管控饮酒
- 把握日常行为的时间点
  ——合理消除疲劳
- 进行愉悦的脑活动
  ——合理管控睡前2小时
- 15分钟的奇效
  ——合理管控临睡前行为

会玩才会工作

合理管控休闲娱乐

现在有各类介绍成功经验的书，
但其中很少谈及"如何玩"。
那么，请认真思考一下"玩"的重要性。

玩是成功的加速器

我觉得工作狂的人生并不幸福。

人生就像是一场马拉松，只有随时给自己补水的人才能保持体力跑完全程。其实，休闲娱乐就是给人生补充能量，如果不能有意识地去玩，自身精力便无法得到有效补给。

我的一个朋友认为工作就是人生的全部意义，他一年365天不停歇地工作，结果却患上了抑郁症。休闲娱乐能帮我们补充能量、调整身心状态。如果一个人不会玩，终有一天会失控。

在我认识的成功人士中，绝大多数人都很会玩也很贪玩，他们总是精力充沛、活力无限。虽然也有工作狂式的人在事业上取得了成功，不过他们多显得疲惫而虚弱，让人丝毫感受不到他们的幸福。请记住，要想成功就多玩一玩。

插入休闲娱乐计划

在新冠肺炎疫情发生之前，我每年会看100部电影，每周进行4次、共6小时以上的运动，而且每年还会抽出6周时间出国旅行。我的座右铭是"用别人3倍的时间工作、2倍的时间休闲娱乐"。

看到这，你一定会问我"哪儿来那么多时间"，这是因为我能合理安排休闲娱乐计划，使工作得以高效完成。

我在"合理管控午后工作"中提到了"时间控制法"。当人的注意力高度集中时，一定会在规定时间之前完成工作。不要等工作结束，而应主动完成工作；不要等工作结束后回家，而要在规定时间之前完成工作。由此一来，必须设法从上午开始加快工作速度，工作效率也会随之提升20%～30%。

在工作后安排聚会、看电影等休闲活动，能让自己产生紧迫感，从而刺激去甲肾上腺素的分泌，进而激活大脑活力。我将此法称为"结尾打板工作法"。所谓"结尾打板"是拍电影的术语，指"一个镜头完成后进入新镜头的拍摄"。具体而言就是将休闲娱乐活动列入计划表。我们可以在早上写工作计划的同时，再写一份休闲娱乐计划。

很多人因为工作繁忙而变动或取消了休闲娱乐计划，这种无意识的行为让人难以产生紧迫感，所以无法获得"结尾打板工作法"的良性效果。

无论是工作还是休闲娱乐，我们都应全力以赴。唯有如此，你的每一天才会过得快乐而精彩。

极致时间

属于你的极致时间是什么？

所谓极致时间，就是休闲娱乐时让自己感觉最快乐、最放松的时间。拥有极致时间的人肯定都是热爱生活的人，我认为他们非常出色。然而，大部分人却并不知道做什么能让自己快乐。可见，没有爱好、不懂休闲娱乐的人非常多。

当我在电影院看电影的时候，在中意的酒吧里小酌威士忌的时候，将其他国家美景上传至油管的时候，我都感到无限快乐，这些瞬间就是我的极致时间。

如果你拥有极致时间并能设法延长它，幸福感就会成倍增加。

请思考一下做什么事能让自己最开心。只有认清自己的内心，才能发现让自己快乐的事。关于具体的寻找方法，较为简单的做法是写一篇三行字的"正能量日记"，这对于找到极致时间很有帮助。

很多人都对"玩"怀有罪恶感，其实，当我们摆脱束缚、彻底放松之后，我们将会获得巨大的能量，进而提升工作及学习效率。所以，要想成功，就多玩一玩吧。

视频的增效作用

合理看电视

电视与智能手机一样，易造成时间浪费。
无目的地看电视就是浪费时间，
但如果观看方式合理，视频也能成为重要的信息来源。

有目的地看电视

有喜欢的电视节目并非坏事，而无目的性地看电视就是在浪费时间。

独自生活的人下班回到家时都会觉得寂寞无聊，可能会不自觉地打开电视看一些并不感兴趣的电视节目，而这一看就是几小时。为防止如此浪费时间，我建议大家把电视节目录下来之后再看。除了新闻、体育比赛等，其他节目均无须看直播。录制完成后，我们再从中挑选真正想看的节目，从而将看电视的时间用于学习。我一般会在乘车途中或运动时用手机在日本民间广播电视局门户网站TVer上看电视剧。

运动时看视频

我平时也看电视剧或动漫，不过大多在健身房的跑步机上跑步时才会看。虽然我很喜欢看动漫，但是用电视连续看三集的话，总觉得有些浪费时间。如果在跑步机上边锻炼边看的话，在连看三集的同时，我也获得了锻炼60分钟的效果。

"运动+视频"的方式让我做到健身、娱乐两不误，这也是我的极致时间。

控制看新闻的时间

在新冠肺炎疫情的影响下，很多人会长时间地观看各种新闻报道。不过，持续看负面新闻会导致情绪低落。图像等视觉信息在记忆里的留存强度比单纯的文字类信息高6倍。因此，图像信息更容易左右人的情绪。

我们应每天最多看一次新闻，而每次观看时间应控制在1小时以内。

杜绝每晚小酌

合理管控饮酒

喜欢饮酒的人不在少数，有些人习惯用酒缓解压力，
有些人习惯每日饮酒，还有些人习惯睡前饮酒。
他们或者一边饮酒一边发牢骚，或者喝到酩酊大醉。
总之，绝大部分人的饮酒方式并不正确。
下面介绍如何正确地和酒打交道。

酒不能减压

提到缓解压力的方法，可能很多人的第一个念头就是饮酒，
然而，用酒减压大错特错。

人在饮酒时压力激素皮质醇会大量分泌，长期饮酒会导致人
的抗压性下降，患抑郁症的风险增高。对于那些平时就郁郁寡欢
的人而言，每日饮酒会进一步增加患抑郁症的风险。饮酒还会影
响睡眠，所以酒精不但不能消除疲劳、缓解压力，还会起到反作
用。人在饮酒时只能获得短暂的愉悦感，并不能从根本上解决问
题，其结果就是问题越积越多。如果认为饮酒可以减压而不断加
大酒量，最终会陷入酗酒的泥沼。

另外，我经常在酒馆里看到边喝酒边抱怨领导的人。如此饮

酒只会让人变得尖酸、刻薄，对改善人际关系毫无益处。

饮酒应适量

你是否听过"少量饮酒益于健康"的说法，如果上网检索，有的网站上会显示"少量饮酒的人比完全不饮酒的人的患病风险要低"。

所谓"少量饮酒益于健康"其实是误导了人们很长时间的错误信息。现在的观点是不饮酒最健康，饮酒越多对健康越有害。虽然有数据表明少量饮酒者罹患心肌梗死、脑梗死等疾病的风险较低，但是综合所有疾病数据来看，饮酒对于健康有着很多不利的影响。

话虽如此，对于嗜酒如命的人而言，戒酒非常困难。我建议这些人适量饮酒，控制酒精的摄入量。所谓适量就是少量，目的是降低酒精对健康造成的不良影响。为预防中老年疾病，酒精摄入量应控制在每日20克、每周100克以内，即每天最多喝一罐500毫升的啤酒。

每周两天护肝日

在讨论饮酒与健康之间的关系时，"饮用量"经常被提及。我认为，每日饮酒要比过量饮酒更危害健康。一般而言，酒精全部从身体排出需要24小时以上（据饮酒量而定）。如果一个人每天都喝酒，会导致肝脏无法休息而负担过重。当酒精长期滞留在体内时，大脑也会对酒精产生依赖。长期饮酒的人患肝损伤、睡眠障碍以及酒精依赖症等疾病的风险会大大增加。

每日饮酒会加重人对于酒精的渴求，继而导致过量饮酒，而过量饮酒者罹患抑郁症的风险是普通人的3.7倍，罹患阿尔茨海默病的风险是普通人的4.6倍。

所以，我们应在每周选择两天作为"护肝日"（即滴酒不沾），最好做到连续两天滴酒不沾。如果你做不到一周有两天不喝酒，就极有可能发展成为酒精依赖症。据调查，男性饮酒者中4%的人患有酒精依赖症，而酒精依赖症的潜在人群数量一定更为庞大。所以，饮酒一定要适量，同时做到每周至少两天滴酒不沾，这样才能够避免酒精对健康造成严重的不良影响。

把握日常行为的时间点

合理消除疲劳

健康的秘诀就是"当日疲劳当日消",即不让疲劳"过夜"。如果让疲劳延续至次日,周末就容易因积蓄的疲劳而睡懒觉。消除疲劳最有效的三个方法是洗澡、睡觉、运动。

睡前90分钟洗澡

洗澡具有以下三种功效。

(1)温热效果

温暖身体、放松肌肉、改善血液循环,从而有助于消除疲劳。

(2)浮力效果

由于水的浮力可以减轻重力影响,从而减轻肌肉负荷,更易让人放松。

(3)静水压效果

人体的四肢血管及各脏器在洗澡时受到静水压刺激,全身血液循环得以改善，浮肿得以消除。

美国斯坦福大学的西野精治教授认为，提升睡眠质量有助于消除疲劳，而睡前90分钟洗澡则有助于睡眠。此助眠法的关键是要在睡前90分钟洗完澡。如果晚上11点睡觉，需在晚上9点至9点半洗完澡，由此保证睡前90分钟的缓冲时间。洗澡水温控制在40摄氏度，洗澡时间控制在15分钟为宜。

如果你喜欢洗水温42摄氏度左右的热水澡，最好在睡前2小时洗完澡。因为水温越高，体温下降至正常体温的用时会越长。人体为了进入深度睡眠，体内温度需下降1摄氏度左右。在睡前90分钟洗完澡后，当我们睡着时，体内温度刚好处于下降1摄氏度的状态，从而有助于身体进入深度睡眠状态。

有些人因工作繁忙经常夜里很晚回到家，如果此时洗澡，洗澡时间与就寝时间的间隔过短，洗完澡躺在床上时体温仍处于较高水平，所以很难入眠。即便睡着了也很难进入深度睡眠，无法有效消除疲劳，如此洗澡毫无益处。

临睡前洗澡会影响睡眠质量，此时可选择简单冲洗，避免体温过度升高。

睡前2小时不要进食

人能通过熟睡消除疲劳，是因为睡眠中会分泌一种"生长激素"，也被称为"去疲劳激素"。

睡前2小时以内用餐会显著影响睡眠质量，其原因就在于进食会影响生长激素的分泌。进食会导致血糖升高，当血糖值处于高位时，生长激素的分泌就会减少。睡前用餐导致血糖上升，影响生长激素分泌，从而使人难以通过睡眠有效缓解压力。另外，人在睡前吸收的能量很难被消耗掉，睡前进食也可能导致肥胖。

也许有人因工作回家较晚而习惯睡前用餐。在此，建议你们尽量避免在睡前2小时内用餐。人只有在困倦难耐时才容易进入深度睡眠，从而促进生长激素分泌。

反之，明明很困却强撑着做其他事情而错过睡眠时机，会使你之后也很难进入深度睡眠。我们应在感到困倦时尽快就寝，因为深度睡眠能够有效消除疲劳。

疲倦时可以适当运动

其实，疲倦时运动对身体大有益处，也许你看到这句话时会觉得不可置信。

最近，"积极性恢复"的理念越发深入人心。有学者针对人在疲劳时进行积极性恢复（运动）或消极性恢复（平躺）时血液中的乳酸含量进行研究，结果显示，进行积极性恢复的人消除疲劳的速度比进行消极性恢复的人快两倍。

那么，运动为何有如此功效呢？

答案有以下5点。

（1）运动能促进生长激素分泌。

（2）运动能提升睡眠质量。

（3）运动能改善血液循环、促进疲劳物质（如乳酸）代谢。

（4）运动能促进多巴胺、血清素的分泌，消除神经性疲劳。

（5）运动能降低皮质醇水平、缓解压力。

以上就是运动消除身心疲劳的机理。

经常伏案工作的工薪族易出现肩颈肌肉酸痛等症状。此时，可以通过有氧运动活动全身肌肉，在改善血液循环的同时消除身体局部疲劳。

我们平常可以进行30～45分钟略高强度的有氧运动，如果结合肌肉拉伸训练则更好。总而言之，运动强度以略感疲惫、适量出汗为宜。下班后去健身房运动不仅能调整心情、增加运动量、控制体重，更能充分消除疲劳。需注意的是，睡前2小时内运动会让交感神经处于兴奋状态，影响睡眠质量。

进行愉悦的脑活动

合理管控睡前2小时

睡前2小时是放松时间，轻松度过这段时间
能有效提升睡眠质量、充分缓解疲劳。
反之，如果在这段时间心绪不宁，之后就很难入睡，
即便睡着了也很难彻底缓解疲劳，严重时还会导致睡眠障碍。

切换至"夜间模式"需2小时

当我们运动后或看完电影回家时，即便我们躺在床上也久久不能入睡，这是因为大脑或身体仍处于兴奋中。即便我们睡着，身心也无法放松下来，所以很难消除疲劳。从医学角度来看，此时人体需要从"日间模式"的交感神经优势状态切换为"夜间模式"的副交感神经优势状态。如果躺在床上时副交感神经处于放松状态，睡眠质量就会很高，也能有效消除疲劳。一般认为，从交感神经优势状态切换为副交感神经优势状态的时间为2小时左右。

睡前2小时的放松状态是深度睡眠的必要条件，也是第二天工作效率的保障。

具体的放松方式有以下7种。

（1）**睡前90分钟洗完澡**：洗澡是最有效的放松法。

（2）**悠闲度过**：什么也不做，彻底放松下来。

（3）**交流**：与家人交流，跟宠物玩耍能刺激食欲肽分泌。

（4）**看书**：阅读能让人放松、诱发困意，但不要选择易上瘾的读物。

（5）**放松式娱乐**：听音乐、按摩、点香薰等。

（6）**待在光线较暗的房间**：明亮的荧光灯让人意识清醒，可选择有间接照明或红色光源（红色灯泡）的昏暗房间，以帮助大脑做好睡眠准备。

（7）**写日记**：记录当日事件或者写三行正能量文字。

睡前不可太兴奋

睡前2小时内应避免做以下事情。

（1）接触蓝光（智能手机、电子游戏、电视）

智能手机是引发睡眠障碍的潜在因素。智能手机、电脑屏幕及电视会发射蓝光，从而影响睡眠物质褪黑激素的生成而驱散困意。所以，临睡前不适于看智能手机、电视或玩电子游戏。

（2）进行刺激视觉的娱乐活动（如玩游戏、看电影）

游戏之所以有趣，是因为玩游戏能使大脑处于兴奋状态，看电影也是如此，尤其是动作片、恐怖片等视觉冲击力较强的电影，会刺激肾上腺素分泌，导致心跳加速。当人处于兴奋状态时，交感神经会变得活跃，从而影响睡眠。

（3）饮酒

酒精会给睡眠带来负面影响。即便睡前饮酒，也需留出2小时以上的缓冲时间让酒精被充分代谢，以降低对睡眠的影响。通过大量饮水能加快酒精代谢速度，不过，如果养成用酒助眠的习惯，那么可能会导致睡眠障碍。

（4）饮用含咖啡因的饮料

咖啡因具有较强的提神作用，在睡前饮用咖啡、红茶、乌龙茶、绿茶等富含咖啡因的饮料会影响睡眠。另外，一些常见的无酒精饮料，如可乐等也含有咖啡因，无节制地饮用会导致人体吸收过多的咖啡因，这一点需注意。

（5）吸烟

对于吸烟人士而言，睡前一根烟或许不可或缺。然而，尼古丁具有提神作用，会刺激肾上腺素分泌，使交感神经兴奋，让大脑处于兴奋状态。有研究证明吸烟者失眠的比例比非吸烟者高4～5倍，入睡时间慢15分钟。

（6）进行剧烈运动

如前所述，剧烈运动会导致交感神经兴奋。虽然运动可以提升睡眠质量，但是应在睡前2小时完成。伸展练习及瑜伽等轻量运动能松弛全身肌肉、放松心情，更适合在睡前进行。

睡前放松

尽管我之前建议"睡前2小时不要看智能手机",但估计绝大多数人难以做到。如果你确实难以做到,那么你可以尝试在睡前30分钟将使用智能手机的时间控制在5分钟以内。有些人已习惯在睡前查看各类信息,5分钟时间应该够用。不过,我们应杜绝睡前长时间接触智能手机或是躺在床上看智能手机。

之前已讲过睡前2小时内不可做的事,你如果一时难以做到,那么可以尝试将"睡前2小时"缩短为"睡前30分钟"。如此一来,你的睡眠状况就可以得到有效改善。

我们每天的生活节奏都很快,但至少睡前30分钟要慢下来,让身心得到彻底放松。这不仅能提升睡眠质量、消除疲劳、恢复精力,还能有效提升第二天的工作效率,真可谓一举多得。

15分钟的奇效

合理管控临睡前行为

临睡前是指人在换好睡衣、刷完牙、洗完脸之后的时间，此时，多数人会选择直接上床睡觉而忽略了这段时间的潜在价值。如果能合理利用临睡前时间，你的人生会发生巨大改变。

峰终定律

"只要结果好一切就好"这句话具有一定的科学性。

诺贝尔经济学奖获得者丹尼尔·卡尼曼（Daniel Kahneman）曾提出"峰终定律"（Peak End Rule）。实验的具体内容是让实验对象将手放入冷水中，然后评测不同实验对象负面情绪的程度。当某组实验对象在最后30秒将手放入温水中时，他们的负面情绪大幅减少了。卡尼曼由此得出结论，人的情绪体验取决于"峰值"与"终值"。

我们无法控制生活中的某些事，但是可以控制自己在睡前的思维活动。很多人习惯在睡前回想当日的不愉快经历，怀着郁闷、烦躁的心情入睡，这会严重影响第二天的状态。如果临睡前想一些正向、积极的事，那么这会让自己怀着成就感与幸福感入眠。

当小脑扁桃体[①]被刺激时会产生焦虑情绪，导致大脑、身体处于兴奋状态，影响睡眠质量。所以，临睡前不要想消极的事情而要想一些积极的事情，保持愉悦的心情入睡。

当你感觉这一天过得不错时，也会睡得很好。

写三行"正能量日记"

上文中提到不要在睡前想消极的事情，但是，有些思想消极的人可能很难做到。他们越是有意识地提醒自己不要往坏处想，就越容易陷入消极性思维。我建议这些人在睡前写三行"正能量日记"。

"正能量日记"就是用三行文字记录当日发生的三件好事或快乐的事，用三分钟就足够了。书写能加深良性事件引发的愉悦感，而我们要做的就是将这种愉悦感保持到就寝。

实际上，人很难做到一心二用。当人处于积极情绪时，消极情绪便无处安身。对于情绪不安的人、陷于失败无法自拔的人以及心理疾病患者，坚持写一到两周"正能量日记"会收到良好效果。

睡前所想之事会烙印在记忆里，如果能在睡前养成这个好习惯，就能有效提升自我认同感。

---

① 小脑扁桃体：小脑的下面中间部凹陷，两侧呈半球形隆起，近枕骨大孔处。在临床，病人颅脑外伤或颅内肿瘤等导致颅内压升高时，小脑扁桃体移位可嵌入枕骨大孔，形成小脑扁桃体疝，压迫延髓，可危及生命。——译者注

活用黄金记忆时间

睡前15分钟是记忆的黄金时间，即一天中记忆最高效的时间。如果在准备各类考试的过程中不能有效利用这段时间，简直是莫大的浪费。

下面介绍一下如何有效利用黄金记忆时间。

首先，将难以记忆的知识点整理到本子上，在临睡前默记这些内容。临睡前三分钟尤为关键，可选出三个平时最难记住的英语单词抄写十遍，然后上床睡觉。如此一来，那三个单词会在大脑中依次重现直到入睡。最不可思议的是第二天早上醒来时，那三个单词会突然浮现在脑海里。

活用黄金记忆时间的要点是"切勿贪多"，只需一次背三个英语单词或一个数学或物理公式即可。虽然该方法略显笨拙，但是坚持一个月就能背诵90个单词，一年就是1000多个单词。所以，我认为它是最为有效的记忆法。

54

合理管控工作

- 高效完成工作
    - ——合理优化专注力
- 从常规化工作入手
    - ——合理激发工作热情
- 输出式工作法
    - ——合理管控工作方式
- 置身于轻松环境
    - ——合理有效地激发灵感
- 充分准备是关键
    - ——合理优化幻灯片演示
- 提升临场表现
    - ——合理调控紧张感
- 利弊取决于用法
    - ——合理使用智能手机
- 改变认识方可提升效率
    - ——合理管控居家办公
    - （环境篇）

高效完成工作

合理优化专注力

人在专注力集中时与不集中时的工作、学习效率有天壤之别。如想在有限时间内获得理想结果，就必须了解优化专注力的方法。

15-45-90分钟法则

之前在"合理管控午后工作"中提到，以15分钟、45分钟、90分钟为工作时间单位可以保持高度专注、提升工作效率。其中，15分钟是专注力最为集中的时段。据说，口译员进行同声传译时大脑保持最佳状态的时限就是15分钟。

日本脑科学家、东京大学教授池谷裕二的研究结果指出：比起连续学习60分钟，"15分钟×3（合计45分钟）"的学习效率更高。众所周知，45分钟是中小学授课的一个课时，这也是中小学生保持专注的最长时限。90分钟的时长基于"超日节律"（Ultradian rhythm，即人体重复睡时与醒时的规律）这一生理现象。大学的一个课时为90分钟，这也是成年人保持专注的最长时限。足球比赛以45分钟为单位分成上下半场，一旦进入加时赛，运动员的失误会增多，比分差距也更易被拉开，除了体力原因，运动员难以继续保持高度专注也是造成这一现象的重要原因。

如果想提高工作效率，就要有意识地按照"15-45-90分钟法则"行事。当连续工作或学习时间超过15分钟时，应稍微停顿一下；如果超过45分钟或90分钟时，应在感到疲惫之前有意识地进行休息。

我在办公桌上放置一个15分钟时长的沙漏，以提醒自己有效利用这段高度专注的时间。这样一来，我经常能在15分钟内完成既定目标。

活用大脑黄金时间

很多人都想了解提高专注力的方法，我们身边也有很多相关书籍。平时可通过整理书桌、改变办公地点、调整心情等方式来尽量改善注意力不集中的情况。不过，当你下班后精疲力竭地回到家时，却很难再提高专注力。说起来，人在一天中能够保持高度专注的时间非常有限，我们绝不能浪费这段宝贵时间，应最大限度地优化专注力。

在一天中专注力最佳时段是起床后的2～3小时，被称为"大脑的黄金时间"。大脑会在睡眠中对之前的记忆进行充分清理，因此我们在起床后会感觉大脑一片空白。此时的大脑没有任何负载，处于活力满满的状态。所以，此后3小时对大脑的利用程度就决定了一天的工作效率。我们可以利用通勤时间或早自习进行学习，还可以思考一下当天的首要工作内容。总之，对大脑黄金时间的有效使用能提升学习和工作的效率。

另外，有一个秘诀可将大脑黄金时间延长至4～5小时，就是不让大脑吸收无用信息，好比让书桌在使用过程中始终保持整洁状态。应避免在早上收看新闻节目，这会让大量无用信息涌入大脑。另外，在通勤时无目的地浏览手机的做法也同样不予提倡。

有氧运动重焕专注力

当大脑处于疲倦时，专注力很难被再次唤起。此时，仅需一招便能重焕专注力，那就是有氧运动。即使短时运动也能促进多巴胺、去甲肾上腺素及血清素的分泌，而这些物质都是能提升专注力的神经递质。

那么，为提高专注力至少要运动多长时间呢？答案是15分钟。如果可以的话，运动30~45分钟效果更佳。中等强度以上运动可以促进多巴胺、去甲肾上腺素分泌，提升专注力。

有时，我会连续写作10小时以上，然后在傍晚去健身房运动，之后再去咖啡厅继续写作。当第二天醒来时，我的状态丝毫不受影响，依旧可以连续写作两三小时。

上班族可以在回家途中去健身房慢跑或者进行拉伸训练，让身体充分流汗，之后回到家的两三小时便可以有较高的专注力，用于自我投资或学习最好不过。

从常规化工作入手

合理激发工作热情

有些人想开始工作或学习，却激发不出干劲。

他们总想等到有干劲时再动手，于是时间被白白浪费。

下面介绍一种提升工作热情的方法。

所谓"干劲"并不存在

池谷裕二教授认为并不存在干劲这个概念。看到这儿，你可能会大吃一惊，而我完全同意池谷裕二教授的观点。下面就以"笑容"为例来说明，绝大部分人认为人在感到快乐之后才会露出笑容，而最新脑科学研究表明，"笑容（面部肌肉收缩）"的发生先于"快乐"这种情绪变化。即行动在先，情感在后。

所谓"干劲"也是如此。我们不是因为有了干劲才去工作，而是开始工作之后才产生干劲。这就是"行动在先，情感在后"，如果坐等干劲出现无异于缘木求鱼。

深思不如行动

有的人因为没有干劲而无法开始工作或学习，如何解决这个难题呢？答案就是"立刻行动"。也许你会觉得这种说法自相矛盾，但是，诸多脑科学研究结果显示，人在没有干劲时更应立即动手去做。比如，有的人没有干劲打扫房间，可是一旦开始打扫后会越干越起劲，甚至能连续干1小时。

心理学家克雷佩林（Emil Kraepelin）将人开始工作后不断提升热情与干劲的现象称为"作业兴奋"。大脑正中有一处被称为"伏隔核"的区域，其外观如同左右对称的苹果核。当伏隔核神经细胞工作时会引起作业兴奋，从而激发出干劲。不过，伏隔核神经细胞只有在较强程度刺激下才会开始工作，同时通过脑内神经递质乙酰胆碱将信号传导至海马体与额叶。

归结起来，当我们即刻着手去做一件事时，伏隔核区就会变活跃，从而刺激乙酰胆碱分泌，并最终激发出干劲。可见，工作中不应先激发干劲，而是应该先做事，让大脑兴奋起来，而后干劲自然就会出现了。

从常规工作入手

当我们开始行动之后就会产生干劲。为此，可以给自己制定一项常规化工作，以便在缺乏干劲时能按部就班地完成。

当我坐在办公桌前时，第一件事就是制定工作项目表。我会在脑海里计划当日的生活及工作内容，然后列出需完成的全部事项。同时，我还会制定工作后的"休闲活动表"，如果计划"晚上6点之前完成工作后去看电影"，会让自己一整天心怀期待。期待感能刺激神经递质多巴胺的分泌，而多巴胺是一种在既定目标刺激下分泌出来的动力物质。

另外，书写可以激活大脑，只想不写则达不到同样的效果。将工作项目或计划写下来可以激活伏隔核区，这不仅便于让自己按部就班地完成各项工作，还能梳理出工作的主次顺序。

我们应在开始正式工作之前设定一项常规化工作，用带有仪式感的态度认真完成，经年累月之后，这项工作就会变成一种习惯深植于脑中。如此一来，不管你有否工作热情，都能正常地开始工作。例如备考生可以选择"核验英语单词"为常规工作，用3分钟复核（或书写）自己答对的题。

总之，为了使大脑激发出干劲，制定工作项目表或者练习解题（低难度题）这类预热活动必不可少。

输出式工作法

合理管控工作方式

也许很多上班族都认为"工作很无趣"。
如果能将这种无趣感升华为乐趣，你的每一天就会很快乐，
同时工作效率也会获得质的飞跃。

成功者大多享受工作

人在快乐时，大脑分泌的多巴胺能提高专注力、主观能动性以及记忆力，让工作或学习效率获得显著提升，堪称"脑汽油"。反之，当人感到辛苦或痛苦时，大脑会分泌皮质醇等压力激素，皮质醇不仅影响身体状态，还会降低人的欲望、干劲及记忆力，这也是大脑为防止身心长期受损而采取的防卫反应。

同样进行工作或学习，有人乐在其中，有人苦不堪言，前者能收获颇丰而后者却事倍功半。如果两者所用时间相同，前者的工作产出量明显高于后者。

如果你努力工作却没得到想要的结果，主要原因就在于你没有学会享受工作。当你发自内心地享受工作时，大脑会被充分激活，工作效率也会显著提升，而你也会获得众人的认可与事业成功。

自我投资与成长

人在快乐时会分泌多巴胺，尤其在达成目标或挑战自我时，多巴胺更会大量分泌。

"成长"就是今天做到了昨天未能做到的事。当我们实现自我成长时，会感到快乐而干劲十足，进而享受到工作带来的乐趣，而这些又能促进自我成长。这就是"工作—成长"的正向循环。

关于自我成长法则，会在后文的"合理管控学习"中详细论述。简而言之，成长就是重复"输入—输出—反思"的过程，其中的首要任务就是进行输入，而最为便捷的输入方式就是阅读。

任何人都会为工作不顺、人际关系不和谐等事而烦恼。这些问题的解决方法，我之前曾在书中论述过。不过，大部分人认为仅靠书本不能解决实际问题，这是因为他们没有阅读的习惯，进而无法了解到书中处理问题的方法。

日本文化厅在2019年对于日本人每月读书量进行了问卷调查，回答"不读书"的人数占比高达47%（不包括漫画、杂志）。可见，当今近半数日本人都不看书，他们当然不知道如何运用书中知识解决实际问题。

如果感到困惑，就请拿起书，并将所学的知识转化为行动。唯有如此，方可在实现自我价值的路上迈出坚实的一步。事业有成的人都是通过自学掌握高效的工作方法、时间管理方法以及幻灯片演示技巧、交谈技巧等，而这些知识公司是不会教你的。这些基本技能如同体能训练，即便调去其他公司，你依然能高效完成各项工作。很多人工作时只会听命行事，而能否在职场出人头地则取决于一个人隐性努力的程度。有些人平时不注重学习却想胜任重要工作，这就像平时不锻炼的运动员去参加比赛一样，注定会一败涂地，这类人当然无法体会到工作的乐趣。

为了享受工作就要花时间给自己投资、用心学习，促进自我成长的输入过程必不可少。

如果连续三个月坚持读书并做到学有所用，就能切实感受到自我成长，进而感受到工作的乐趣。

输出式工作

觉得工作无趣的人多在进行输入式工作。所谓输入式工作就是完全按照他人指示行事，自己属于被动接受的一方，心中难免产生被强迫感，同时失去了尝试的机会，从而感觉工作无聊又无趣。当一个人的主观能动性得不到提升时，就无法感到快乐。与此相反，输出式工作是通过主体自身的思考、尝试而主动去完成工作。即便是公司交付的工作，如果加入自己的创意，同样能变成输出式工作。

输入式工作既无趣又痛苦，而输出式工作能感受到工作的乐趣与意义，当主观能动性得到提升时，业绩自然能提高。

今后十年，人类将大步迈入人工智能（AI）时代。使用人工智能或搭载人工智能的机器人能完成大部分重复性工作，只会进行输入式工作的人注定会被淘汰。

我们必须从现在开始锻炼自己的想象力、创新力及灵感，这些都是进行输出式工作的关键要素。不过，没有人会教给你输出式工作的具体方法，必须通过自学掌握。

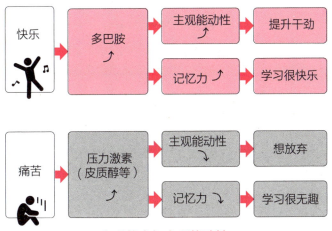

心理状态与主观能动性

输入式工作与输出式工作

输入式工作	输出式工作
被动的	主动的
被迫行事	主动行事
客体意识	主体意识
受人驱使	主动创新
循规蹈矩	激发潜力
谨小慎微	挑战十足
接收信息	发出信息
受教于人	教给他人

置身于轻松环境

合理有效地激发灵感

有些人苦于灵感匮乏，认为自己与灵感
丰富的人的感受力存在差别。
其实，激发灵感也有诀窍。只要掌握了这个诀窍，
无论自身感受力如何，都能成为"点子王"。

灵感乍现时即刻记录

有些人常说自己灵感匮乏，其实，我们的大脑每天都能产生数不胜数的灵感。

所谓灵感就是脑神经细胞的"打火"现象，类似于放烟花。当"打火"刚发生时，灵感会清晰浮现；如果过了30秒，灵感就会模糊不清；再过3分钟，灵感就会消失。所以，我们需在灵感乍现的瞬间即刻记录下来，这一点至关重要。我们应养成一种习惯，当感到自己的想法、创意较有价值时，在30秒内记录下来。有了灵感就即刻记录，无须事先判断其是否可行。

激发创意的"4B法则"

生活中的某些场合较利于激发灵感，这也被称为激发创意的"4B法则"，具体包括洗澡和如厕时（bathroom）、乘车移动时（bus）、入睡和起床时（bed）、饮酒时（bar）。

这四种场合的共同特点是都令人放松。所以，我们无须绞尽脑汁地激发灵感，而应让自己放松下来，也许此时灵感就会突然浮现。

美国阿尔比恩学院（Albion College）的研究结果显示，人在疲倦时进行创意相关工作消耗的能量会增加20%。有些艺术及媒体行业从业者觉得夜晚更容易激发灵感。对此，我认为他们在夜晚正处于疲惫状态，大脑在疲惫时会挣脱逻辑束缚与常规认识，生出自由奔放的创意。另外，被称为想象力与创造力之源的神经递质乙酰胆碱在夜晚的活性优于白天，所以我们白天在会议室冥思苦想也想不出好主意是很正常的。

等待灵感应运而生

看到上述内容，我们不禁想问：聚集各部门负责人进行的头脑风暴讨论是否失去了意义呢？答案当然是否定的。

灵感的出现需要"原料"，如果没有"原料"就无法产生好的灵感，而头脑风暴就是给大脑输送灵感"原料"的过程。此外，还有一个激发灵感必要因素就是时间。最近，餐饮界很流行

"熟化肉""熟化寿司"，其实灵感的产生也需要"熟化"，这一点已被一些研究证明。

在我们将灵感"原料"放入脑中之后，需适时搁置一段时间。然后在"4B法则"的作用下，就会在某一时刻突然生出好的灵感，这就是灵感的孵化过程。如能照此行事，一个小小的灵感就可能变成出色的策划案。

好习惯修炼手册

充分准备是关键

合理优化幻灯片演示

在公开场合演示幻灯片是职场人士的一项必要技能。
据调查，有八成的人不擅于在公开场合讲话，而精于公开发言的
人仅有一成。下面介绍如何更好地完成幻灯片演示。

6：3：1准备法则

幻灯片的演示效果能让听者一目了然，所以很多人都为此感到紧张。

迄今为止，我已看过1000场次以上的幻灯片演示，那些演示效果不佳的发言者的共同之处就是没有进行预演。预演时要用投影仪播放幻灯片，营造出真实的临场氛围，并大声朗读演讲稿进行练习。然而，绝大部分人把精力花在准备幻灯片或资料上，甚至有人在正式开始前30分钟还在修改幻灯片，而此时最应该做的是练习朗读演讲稿。大部分人只看过几次演讲稿，更有甚者仅在演示时读一遍演讲稿了事。

进行幻灯片演示的正确做法是在演示前两天完成幻灯片制作、资料搜集等工作，然后用剩余的两天进行演示与演讲练习，并确认演示过程中需要特殊强调的地方以及是否需要加入手势等

细节问题。

总结来说，准备幻灯片演示应遵从"6：3：1法则"，即用六成精力制作幻灯片和搜集资料，用三成精力进行预演及朗读练习，用一成精力准备答疑策略。然而，大多数人却按照"9：0.5：0.5"的比例进行准备，也有些人按照"8：1：1"的比例，这些人的演讲效果比前者稍好。

对于幻灯片演示而言，准备程度决定了最终演示的效果。在时间允许的前提下，只要充分准备，你的幻灯片演示就一定会大获成功。

最少三次预演

在幻灯片演示正式开始之前进行预演是必要的。预演时需有观众，同时用投影仪播放幻灯片，所有环节都要与正式演示时一样。然而，大部分人却忽略了该过程。

对于涉及公司间竞争的重要幻灯片演示，通常会在公司内部进行预演。即便没有预演，我们也会请领导、前辈或同事帮忙检查演示内容是否有错漏。此时，最重要的是请对方如实地批评指正。只有得到他人的反馈，才能有针对性地对幻灯片进行完善，这样可以使正式演示时的效果提升20%～30%。

进行至少三次检查，会大大降低幻灯片演示的失败风险。对于重要的幻灯片，一定要事先充分地进行预演。

答疑策略

在幻灯片演示过程中，最让人感到紧张的环节莫过于答疑。我们可以通过演说练习完善幻灯片演示过程，还可以通过预演听取领导、同事们的意见，以便让幻灯片演示趋于完美。然而，答疑环节却让人无计可施，因为我们不知道现场观众会问什么问题，甚至偶尔还会碰到故意刁难人的问题。

对此，可以制定"提问和回答集合"，即"预想问题汇总"，预设问题并准备相应答案，这两者数量多多益善。预设问题数量可参照"10—30—100法则"。即，最少准备10个问题，准备30个问题会更有把握，准备100个问题则万无一失。

如果自己没能力设想那么多问题，可以请求领导、同事从各种可能角度提问。

"提问和回答集合"的答案必须自己动手写下来，同时大声诵读直到完全记住。另外，答疑环节的秘诀是要保持自信、磊落的态度。即便遇到自己无法回答的问题，也不要表现出丝毫的不安，尽量用平和的态度去回应，以让在场人感受到你的自信。为了做到这一点，事先充分预设问题十分关键。

就幻灯片演示效果而言，前期准备占九成，只有准备万全才能在演示时充分展现出自身实力。

提升临场表现

合理调控紧张感

所有人都会紧张。然而，有人因紧张失败，有人因紧张成功。
那么，这两种人的区别究竟是什么？
接下来，让我们学会合理调控紧张感。

说出"我很激动"

多数人认为"紧张会影响临场表现"，然而这并不完全符合脑科学研究结果。适度紧张能提高专注力，促进脑清醒物质去甲肾上腺素的分泌。可见，紧张也是可以提升临场表现的。

所以，紧张感并非"敌人"而是"朋友"。当你感到紧张时，你一想到"紧张=提升表现"，就应为此喜悦。我们在感到紧张时可以尝试表达出这种感受，因为语言信息对导致紧张感的源头——小脑扁桃体具有镇静作用。不过，此时最好说"我很激动"而不要说"我很紧张"。有研究显示，在练歌房唱歌之前说"我很激动"的演唱者，演唱得分提高了15%；说"我很紧张"的演唱者得分下降了5%，由此可见，变换用词使效率发生了20%的变化。越说紧张，就会越关注自身紧张感，由此进一步加剧紧张情绪。相比之下，某些习惯性话语则能有效缓解紧张感。

当你感到紧张时，请学会这个口头禅——"我很激动"。

挺胸站直15秒

适度的紧张是有益的，而过度紧张会让大脑一片空白、手脚打战，甚至影响临场表现。防止过度紧张最简单也是最有效的办法就是端正姿态。感到紧张时可以挺胸站直、目视前方，如此便能有效激活调控紧张感的神经递质血清素，而血清素与人的姿势存在联动关系。

仅需站直15秒，紧张情绪就能逐渐平复下来。如果你在演讲前或考试前感到紧张，可以尝试端正自己的姿态。

重复三次深呼吸

深呼吸可以启动放松神经（副交感神经），正确进行深呼吸能有效调控紧张感。不过，大部分人的深呼吸方式并不正确，经常用5秒大口吸气，再用5秒大口呼气，如此呼吸会缩短呼吸时间，激活交感神经而增强紧张感。

正确做法是用3～5秒从鼻子吸气（吸入腹中），然后保持此状态15秒以上，再用同样节奏缓慢地从口中呼气（让腹背贴近）。虽然此种呼吸方式让人略感吃力，却可以排出肺内几乎全部空气。最好能用此方式重复3次深呼吸，当然，首先要端正姿态。

　　如此一来，仅需几分钟就能有效缓解紧张感。刚开始时，可以看着钟表秒针进行练习。

利弊取决于用法

合理使用智能手机

生活中很多人因过度使用智能手机而变成"手机人"，
其专注力及工作效率都受到了严重影响。
下面，介绍一下如何合理、正确地使用智能手机。

严格控制使用时间

长时间使用智能手机会给身心造成严重影响，主要表现为以下6个方面。

（1）如果每天使用智能手机时间超过2小时，会增加罹患抑郁症的风险；每天使用时间超过5小时，会增加自杀风险。

（2）长时间使用智能手机会加速脑疲劳，降低专注力及记忆力，甚至会出现易犯错、健忘等症状。

（3）夜晚使用智能手机时，手机的蓝光会影响睡眠质量，造成生物钟紊乱。

（4）长时间使用社交软件会降低幸福感。

（5）容易引发"手机颈"等肩颈类疾病，造成视觉疲劳、头痛，甚至引起呕吐。

（6）长时间使用智能手机会导致手机依赖，一旦放下手机会陷入焦虑，严重影响工作和学习。

智能手机因其便捷性、趣味性而成为日常生活中必不可少的一种工具，不过，长时间使用却会给我们的身心造成损伤。

使用智能手机的时间越长，生活品质会变得越差。你如果打算合理管控自身健康、提升工作效率，就应该杜绝长时间用智能手机，否则一切努力都会付诸东流。

出于上述原因，应规定智能手机的合理使用时间，即每天不超过2小时。如能在外出时不携带手机充电器及电源线，就能帮助控制使用智能手机的时间。如需用智能手机联系工作事务或回复短信，可通过时间管理类软件控制使用时间。

通过每日查看智能手机使用时间强化自身管控意识，从而有效减少智能手机使用时间。

把手机放远一点

美国芝加哥大学研究了智能手机放置位置对大脑的影响，其结果显示：将智能手机放在桌上时，工作效率及注意力降低10%、流体智力降低6%。将智能手机放于衣服口袋或包中时，工作效率及注意力也出现一定程度下降。可见，将智能手机置于可触及的范围易让人不自觉地看智能手机而无法专心工作。

其实，近置智能手机对工作效率的影响何止10%，实际情况要糟糕得多。美国密歇根州立大学的研究结果显示：2.8秒的手机弹窗导致工作速度降为原来的一半以下；4.8秒的智能手机弹窗导致工作效率降至原来的三分之一。如果开启智能手机的消息提醒功能，会不停使注意力分散，严重影响工作效率。

如想提升工作效率，首先要关闭智能手机的消息提醒功能，并将智能手机放入公司储物柜，远置智能手机才是最明智的做法。

切忌如此使用智能手机

（1）休息时浏览智能手机

人在休息时，最重要的是让大脑和眼睛得到休息。智能手机导致过度用脑、用眼，休息时浏览智能手机不但起不到任何休息效果，还会影响之后的工作状态。

（2）无目的地浏览智能手机

我们可以使用智能手机查找地图或拍照，不过，如果只是为了消遣而无目的地浏览智能手机则不予提倡，因为这样很容易陷入智能手机的"泥沼"。

（3）睡前30分钟使用智能手机

智能手机的蓝光会刺激大脑。在床上玩智能手机与睡前喝咖啡的效果如出一辙。

（4）用餐时使用智能手机

对与你共同进餐的人而言，用餐时使用智能手机是非常没有礼貌的行为，你在向对方传达一种信息——"智能手机比你重要",这样会影响人际关系,所以我们在用餐时一定要看着对方,与对方交谈。

(5)边走边看智能手机

这种行为极其危险,甚至会导致受伤。利用上下班通勤时间快走可实现每天20分钟的最低运动量,我们应集中精力完成这项运动。这样做不仅能规避走路玩智能手机带来的危险,还有益于身体健康。

(6)地铁中使用智能手机

绝大部分人习惯在地铁中使用智能手机。其实,我们可以有效利用这种碎片化时间进行自我提升。将看智能手机的时间用于看书,会让你的人生变得不同。

(7)仅以输入为目的使用智能手机

大部分人使用智能手机时都以"输入"为目的,如果对吸收的信息不加以利用,99%的信息终会被遗忘,这是对于时间的最大浪费。

我是以"输出"为目的使用智能手机的,所谓输出就是发布信息。我会在脸书(Facebook)、推特(Twitter)上发表文章,再上传短视频到油管上。我们在使用智能手机时,应有意识地以"3∶7"的比例进行输入与输出,以实现智能手机的有效利用。

改变认识方可提升效率

合理管控居家办公（环境篇）

自从发生新冠肺炎疫情以来，居家办公越发普及。
居家办公易让人懒散，无法集中精力，从而影响工作效率。
下面介绍居家办公时如何提升专注力。

决定办公区

　　首先，我们应决定居家办公时的工作场所。选择书房当然最好不过，不过多数人只能选择客厅的一角办公，造成"工作区"与"休闲区"混用而影响工作效率。只有事先决定办公区与休闲区，才能在办公时顺利切换为工作模式，休息时也能得到充分休息。

　　另外，还需将自己的办公时间告知家人，以避免在工作时被打扰。一旦离开工作区进行休息时，就可以与家人愉快交流。事先制定规则能有效避免在集中精力工作时被他人打扰。

　　在客厅办公时，可通过安置屏风划分出工作区与休闲区，它能有效改变在客厅办公时的氛围。屏风正如公司的隔板墙一样，对于心理转换能起到巨大的作用。

设定免打扰时段

你在办公时想集中精力工作，而你的伴侣肯定也希望能集中精力做家务。对于你而言，上午是工作的黄金时间；对于你的伴侣而言，上午同样是做家务的黄金时间。所以，最好的办法是两人共同商定一个免打扰时段。除了紧急情况外，双方尽量不去打扰对方。

当然，午饭时两人可以边聊天边用餐。

我经常在家办公，于是我与妻子定下一条规则：工作时勿扰，如有事可用智能手机联系。因此，我总能顺利而高效地完成工作。

设定专注空间和时间

想必你也曾因快递纷至而无法集中精力工作。这是因为你没有有意识地营造出一个能集中精力办公的空间。我们可以在接收快递时选择将快递放至代收点，在固定时段内统一接收快递。否则，你会在一天之内不停被快递员按门铃的声音打扰，根本无法集中精力工作。

可见，有意识地设定工作空间与时间对于提升专注力至关重要。

55
合理管控学习

- 每两周发送三次消息

  ——合理管控输出

- 进行适量的有氧运动

  ——合理管控记忆

- 提升专注力

  ——合理管控输入

- 好书的精读与深读

  ——合理管控阅读

- 变更早晚学习内容

  ——优化资格考试的备考方法

- 设定一个小目标

  ——优化自身的持久力

每两周发送三次消息

合理管控输出

改变人生最重要的事就是"输出"。
对此，我曾在《输出大全》一书中进行了详细论述。
下面，我将从中选取三部分精华内容进行讲解。

三点循环

所谓输入就是进行阅读、咨询、赏析的过程；而输出则是讲解、书写、实践的过程。可见，输入的目的就是增加大脑信息量。

当你读了一本书之后，如果既不对任何人谈及书中内容又不写读后感，更不践行书中内容，那么你的生活状态根本不可能发生改变。也许你自认为读书之后多少有一些感悟，但如果不进行输出，那些感悟很快就会被遗忘，而你的处境也不会有丝毫改变，整个阅读过程不过是为了自我满足。

只有进行输出，才能让输入的知识烙印在记忆里，进而转化为行动，并最终实现自我成长。所以，只有行动方可改变现状。此外，也不可忽视反思过程的重要性。所谓反思就是发现输出过程中的问题并找到解决方案，该环节将影响下一次输入的效果。

如果不及时反思，就可能会重复犯同样的错误。

"三点循环"就是输入→输出→反思，然后再重复这一循环。该循环构成的螺旋式上升体系能让自己不断成长。

输入与输出的黄金比

有些人很努力但是成绩平平，有些人工作认真但不受认可，这两类人的通病就是输入有余而输出不足。惯于填鸭式学习的人认为，只要拼命努力就能提高成绩、获得他人肯定，其实这种想法大错特错。不及时进行输出就无法实现自我成长，无论你私下多么努力，如果不通过讲解、书写、实践的过程让他人了解你的所学所知，就无法获得他人的认可。

美国哥伦比亚大学教授亚瑟·盖茨（Arthur Gates）博士曾进行一项研究，研究中，他让100多个孩子背诵名人录中的人物简介。当他改变不同实验组的"背诵时间（输入时间）"与"练习时间（输出时间）"时，他发现用30%的时间进行背诵的实验组得分最高，于是他得出了输入与输出的黄金比为3∶7的结论。另外，盖茨博士还以大学生为实验对象进行了研究，其结果显示：大学生在输入与输出上花费的时间比为7∶3，可见大学生群体的学习方法依然有提升空间。

一旦搞错了输入与输出的比例，花同样时间学习，其效果会截然不同。所以，请首先检查一下自己的输入与输出比例。在准备升学考试或资格考试时，看书学习的过程是输入，而解题、参加模拟考试或教授他人的过程就是输出，合理控制输入与输出的比例能让你获得更好的学习效果。

不输出就是浪费

死记硬背式的学习无视大脑内部结构特点，因此效果不佳。这里，教给大家一条"记忆法则"，即每两周进行三次输出。

大脑会将吸收的信息暂存在位于大脑边缘的海马体2~4周时间，之后重要信息长久保存在颞叶，非重要信息将被遗忘。海马体通过大脑对暂存信息的使用频率区分重要信息与非重要信息。如果信息在暂存期间被使用，海马体就将其判断为今后还可能被用到的重要信息。如果读书后不进行输出，海马体就可能将这些信息判断为非重要信息而被遗忘，这就是为什么大部分人看过书之后会很快忘掉。你如果想记住所学知识，就要做到每两周输出三次。

看过书之后要将自己的感想及时分享给朋友、家人，或者用文字记录下来。

合理管控记忆

很多人希望提高记忆力，
其实记忆力较差的人只是没掌握正确的记忆方法。
如果你对记忆力缺乏自信，
这里介绍的方法将会对你有所帮助。

用说写强化记忆

之前在"合理管控输出"中谈到，每两周进行三次输出能让学到的知识记得更牢。这条原则是基于大脑的记忆原理，请各位牢记心中。

输出的过程包括说和写，尤其在备考时，一定要将重要的知识点写下来。比如，背诵"有趣"这个英文单词时，即便能想出或说出"interesting"，也可能在考试中写错，所以书写练习对于备考是必不可少的。书写具有双重效用，其一是确定记忆，其二是强化记忆。书写对记忆的强化效果远好于默念和诵读。

书写能激活被称为大脑指挥部的网状激活系统，该系统能筛选出重要信息并将其发送至脑内，以实现记忆的强化。

黄金记忆时间

之前在"合理管控睡前行为"中讲到，睡前15分钟是一天中记忆效果最好的时段，被称为"黄金记忆时间"。我们完成睡前准备之后，可以用15分钟默记目标内容，然后直接上床睡觉，第二天醒来时，背下的内容会重现在脑海里。

睡前记忆不易引起记忆冲突，大脑吸收的信息如同复制般印刻在脑海里。大脑会在睡眠时对记忆进行整理，压缩无用信息、强化重要信息。然而，临睡前吸收的信息并不在整理范围内，由此避免了信息混淆。

有的人努力学了一整天却在临睡前30分钟玩游戏、看智能手机，这种做法极不明智。由于大脑会将之前吸收的有用信息误判为无用信息，而你付出的一天努力就这样付之东流了。

运动强化记忆

相当一部分人对自己的记忆力没信心，这里介绍一种仅需10分钟就能有效提高记忆力的方法，那就是有氧运动。连续进行10分钟以上的有氧运动能促进多巴胺与去甲肾上腺素分泌，这两种物质具有强化记忆的功效，所以适度的有氧运动能提升学习效果。

在使用小白鼠进行的迷宫实验中，注射过多巴胺的小白鼠能记住通向出口的路，从而顺利走出迷宫。另外，日本筑波大学的研究结果显示：进行10分钟的低强度运动（比如踩踏板）后，记忆力考试的正确率有所上升，这是因为大脑海马体的齿状回结构（记忆相关部位）被激活。

瑜伽、太极拳等舒缓型运动在强化记忆力方面也有一定的作用。此外，中等强度运动能进一步提升记忆力，但是高强度运动则无此效果（压力会损伤记忆），所以，现在普遍认为中等强度运动在提升记忆力方面效果最佳。由于强化记忆的神经递质多在运动时分泌，所以一边在跑步机上步行一边背单词的做法尤其值得提倡。

让我们有效利用运动中、运动后这段"记忆强化时间"进行学习吧。

睡眠加深记忆

很多人习惯通过削减睡眠时间来熬夜学习。然而，当睡眠时间少于6小时时，所学内容就无法印刻在记忆里，这一点需要格外注意。

大脑会在睡眠时对吸收的信息进行整理，如果睡眠时间不足，大脑整理信息的时间也会不足，从而无法将学习内容加深为记忆。可见，熬夜学习是徒劳无功的做法。为了有效加深记忆，我们应保证自己的睡眠时间不少于6小时。

提升专注力

合理管控输入

从烹饪角度而言，输入就是准备食材，
只有好的食材才能做出美味佳肴（输出）。
通过改善输入的质量，能显著提升输出水平。

输入直接影响输出

上文的"合理管控输出"中曾讲过，通过"输入→输出→反思"的三点循环强化记忆，有助于实现自我成长。这里对相关要点再进行补充。

如果只输入不输出的话，所学知识在一个月之内还能记住，时间一长就会被遗忘。有些人觉得自己记忆力不好，只是因为他们没能及时进行输出。

输入与输出是相辅相成的过程，我们应养成一种习惯，输入后必须输出。合理管控输入的要诀就是进行输出。

在进行输出实践时，使用社交软件极为方便。当看完一本书或一部电影之后，我们可以将读后感、观后感写在社交媒体上。这种输出实践十分简单易行，生活中有很多人已经这样做了。一般用三五行文字发表感想即可，如果书写五行文字，就需要充分回忆书中或影片中的全部内容，充分激活大脑。

防止"漏听"

　　我一般会用5分钟左右给患者讲解诊断情况以及服药注意事项，当我讲完之后让对方复述所讲内容时，绝大部分人都说不出来。虽然他们当时听得很认真，但是几乎没记住我的话。我将这种情况称为"漏听"，这种现象不仅会影响人际交往，还会影响工作甚至引发纠纷。

　　如果你是单位领导，可以做一个小实验。你用5分钟时间向下属布置任务，当你说完后让下属重复所讲内容，这时对方通常只能将你所讲的十个要点重复出七八个。虽然他们也在努力回忆你所讲内容，但是终究会漏掉一些。如果领导因此大发脾气，下属会觉得很冤枉，因为他并没有偷懒，只是漏听了一些内容。

　　那么，怎么做能防止漏听呢？很简单，就是边听边记。当你决定不漏听任何一个要点时，专注力就能显著提升。如果领导布置任务时你不方便记录，一定要在事后立即将对方讲话内容记录下来。其实，人在刚听过某件事之后就开始遗忘，输出是防止遗忘的一个好方法。

　　当你作为领导时，要在下达指示之后让下属重复你所讲内容。此时，你会发现能准确无误地复述出来的人少之又少。同时，你还可以要求下属将你下达的指示用电子邮件发给你，这样一来他们就不得不及时进行记录。

以输出为前提

之所以发生漏听是因为绝大部分人在日常听人说话时都漫不经心。尽管很多时候我们想认真听对方说话，但如果对方讲话缺乏重点或难以引起注意，很多信息就会左耳进右耳出。

那么，究竟如何提升自身的专注力呢？

防止漏听的重点是以输出为前提听对方讲话。如果领导在开会时要求会后提交会议记录，即便你平时开会总打瞌睡，此时也会认真参会并做记录。正是因为你产生了"会后要输出"（以输出为前提）的紧迫感，才提高了专注力。当人紧张时会刺激去甲肾上腺素的分泌，而该物质具有提升专注力与记忆力的功效。

可见，在听别人讲话时保持适度紧张感能有效防止漏听。

好书的精读与深读

合理管控阅读

最便利的输入方式就是阅读。
不过，对于不擅阅读或阅读效率较低的人而言，
看完一本书也绝非易事。下面讲解阅读相关要点。

阅读能化解烦恼

　　我每天会收到20～30个咨询问题，而其中90%的问题的解决方案已在出版的专著中论述过。明明可以通过阅读解决的问题却长期困扰着这些人，从另一个角度而言，生活中的绝大部分问题都可以从书本中找到解决方案。有时我们虽然找到了解决方法，却不一定能立刻解决问题。不过，在厘清思路之后，那种困惑不安的心情也会烟消云散。如果能在实际生活中践行书中对策，即便不能马上解决问题，所处的困局也一定会有所改观。

　　掌握好"学习书中对策→实践→反思（修正）"的良性循环，就可以解决生活中的绝大部分问题。所以，解决烦恼的第一步就是阅读。

　　首先，你要明确这一理念——"阅读可以化解烦恼"。

选一本最需要的书

很多人对速读感兴趣，不过我认为精读要比速度重要得多。还有人觉得读书越多成长越快，其实，与其读十本无关的书不如读一本对自己真正有用的书，后者会让你受益更多。所以，如何选择书籍十分重要。

请思考以下问题：

"你的烦恼是什么？"
"你想克服自身哪项弱点？"
"你最想了解什么？"

通过思考上述问题可以明确自己读书的目的，进而选出最适合自己的书。如果想让自己快速成长，就不要大量而宽泛地阅读，而应选择对自己最有用的书去精读。

首先，请各位选出一本书吧。

写下感悟与计划

当你读完一本书之后，请写出读后感。话虽如此，将读后感整理成文章并非易事。这里提出一种更简洁的输出方式，即写下三点感悟、列出三项计划。

所谓"感悟"就是书中让你感动并有所领悟的内容。所谓

"计划"就是你今后打算实践的事。

如果每一项内容用一行文字记录的话，共需要写六行文字即可，用5分钟时间就可以完成。如果不愿书写，可以从书中摘抄三句令你印象深刻的语句，就算苦于写文章的人也可以做到。

单纯地阅读很容易使你忘记书中内容，而书写却能让书中内容历久弥新，永远保留在记忆里。

精读优于速读

最开始阅读时不要求快和多，而应选择一本书精读，之后写出感悟与计划或者抄录其中三句使你印象深刻的话。在精读时一定要达到能与人讲解的深度。可以用一个月精读一本书，充分理解书中内容，并且在读完后将书中内容及时分享给朋友或家人。

如果无法很好地讲出书中内容，就说明理解得并不充分。为了加深理解，我们应在阅读后写出读后感。最开始可能只是寥寥几行文字，但随着书写内容的增加，你的领悟力与书写能力也会得到提升。当你能完美再现书中内容之后，你才有可能进行速读。

变更早晚学习内容

优化资格考试的备考方法

其实，考试也有秘诀。从古至今，不擅学习的人花费大量
时间学习，成绩却不理想，
这是因为他们没有掌握能使备考事半功倍的考试秘诀。
掌握以下三个要点能让你轻松通过各种考试。

早上学习

我们周围有很多准备资格考试、升职考试或者托业考试[①]等
语言类考试的人。在我经常去的共享空间里，每4人中就有1人
在准备资格考试。

对于繁忙的上班族而言，何时备考显得尤为重要，而下班回
家后立刻学习并不是一个好方法。在单位工作一天已让你身心俱
疲，即便强撑着坐到书桌前，专注力也会大幅下降，学习效率自
然很低。

---

① 托业考试：即TOEIC，中文译为国际交流英语考试，由ETS举办，是针对在工
　作环境中使用英语交流的人们设定的英语能力测评考试。一般来说，800分以上
　为优秀。——编者注

资格考试的最佳备考时间是早晨，大脑在早上最具活力、最能集中注意力，理解力水平也较高。早上学习30分钟的效果能抵下班后（晚上）学习的90分钟。大脑在晚上处于疲惫状态，对于新名词及复杂概念的理解极为吃力。

最适于在早上进行的是以理解和归纳为主要内容的学习，比如：

- 阅读并理解教科书中的抽象概念。
- 将学习内容归纳并整理成笔记。
- 将单词誊写到单词本上。

平时，我们可以早出门30分钟，然后在单位附近的咖啡馆学习。此时，通过"时间控制法"规定学习时间，进一步提升专注力。

巧用碎片时间

平时可以利用乘车等碎片化时间进行默记。可准备一个便于携带的笔记本，并将重要知识点抄到本子上，充分利用早晚通勤或午休这类碎片化时间进行学习。由于进行三次输出能让记忆更牢固，因此每天进行三次知识点自测可实现记忆效率的最大化。

对于喜欢在晚上学习的人而言，做题是最适合他们的输出方式。

历年真题是重中之重

准备资格考试时，最有参考价值的就是历年真题。为了能顺利通过考试，需要准确无误地做出历年真题，那些没有通过考试的人大多只做了前两年的真题。虽然前两年的真题也可以帮助我们把握考试的侧重点，但是最重要的是之前三至五年的真题。在资格考试中不会连续两年出现相同试题，但多数题型会循环出现，由于三五年前的试题热度已过，所以很容易再次出现。

正因如此，必须复习前五年的全部真题。顺便提一句，我为了提高资格考试的通过率，复习了前十年的全部真题。由此，我发现了一个规律：在资格考试中每隔三四年，同样或类似题型就会出现一次。

有人在备考时仅做一次历年真题，这样意义并不大。只有达到当相同试题出现时能100%回答准确，才是练习历年真题的根本目的。当解题错误时，可以用"一问一答"的形式将错题抄录在笔记本中，然后反复背诵直到熟练掌握。

我们应认识到历年真题并非习题册，而是需要准确记忆的教科书。很多人习惯先学习教科书的内容，然后再做历年真题，这是本末倒置的做法。在准备资格考试之初，应先浏览一下历年真题，通过了解历年考试的侧重点与题型来把握出题方向，进而删除无用内容，然后再学习教科书。

简而言之，资格考试始于历年真题、终于历年真题。你如果能将过去十年考题都答到满分，在实际考试中你通过考试的概率就会大大提升。

設定一个小目标

优化自身的持久力

无论是学习、减肥还是戒烟，要坚持下去都绝非易事。多数人会半途而废，而少数坚持下来的人则获得了成功。
无论多么不起眼的小事，只要能坚持不懈地做下去，终有一天会让你获得显著的成长、收获巨大的成功。

降低目标难度

在很多自我启发类书中都能看到"要怀有远大梦想""要设定伟大目标"之类的语句。有人认为目标远大结果就一定好，其实，这种想法偏离实际。

我不禁要问一句："你实现自己的大目标了吗？"估计大部分人的回答都是否定的。

他们没能达成目标的重要原因之一就是目标过高。难度过高的目标会与现实发生错位，由此造成心理压力而让人很难坚持下去，所以应适当降低目标难度。多巴胺的分泌会激发坚持的动力，然而当目标过高时，多巴胺便停止分泌。可见，远大目标不利于多巴胺分泌，也无法让人长久坚持下去。

"多巴胺喜欢小目标"，我们应设定一个稍有难度的目标，然后长久坚持下去。所谓小目标是指凭借自身努力可以实现的事。以早上散步为例，设定"每天散步15分钟"的目标显得过难，如果改为"每天散步两次，每次5分钟"，就很容易坚持下来，这是因为后者更能刺激多巴胺的分泌。

坚持的秘诀是记录

决定能否坚持下去的关键因素就是记录，如果不及时记录就很容易忘记。前文中讲过，"记录=输出"，只有及时记录才能让某种行为长久保留在记忆里，进而形成一种思维习惯。例如，你可以尝试每天记录自己早上散步的情况及散步时间，以准确掌握自己是否做到了每天坚持运动。当你因为天气等原因想偷懒时，一想到再坚持一下就可以实现连续散步一周的目标，就会再次鼓足干劲。同时，可用"×"记录偷懒天数，当看到两个连续的"×"时，内心会自然而然地涌起罪恶感，同时下决心在次日重新开始散步。

记录让行为实现可视化，这一点尤为重要。有研究结果证明，插图、表格等视觉图形的记忆留存效果是文字的6倍。当你看到体重情况变化表时，你发现最近一周体重增加了1千克，一定暗感不妙，进而下决心控制饮食。

记录让行为可视化，从而充分提升自身持久力。每日的运动可用笔记本记录，也可以用智能手机记录，这样更方便，使用手机应用软件记录每天的睡眠、运动及早上散步等情况，能让记录变得简单、有趣且易于坚持。

"三日法则"专治没毅力

有些人做事总是三天打鱼两天晒网，即使降低目标难度、记录结果，依然无法坚持做完一件事，这样的人在生活中不在少数。

这里教你一种控制行为方法，即"三日法则"。具体而言就是连续两天没做的事一定要在第三天去做。只要能严守"三日法则"，你终有一天能实现自己的目标。设定"每天散步5分钟"的目标之后，如果周一、周二没完成，就必须要在周三完成，否则就可能出现更严重的拖延现象。

每天努力易让人疲倦，而设定"三天努力一次"的最低目标，大多数人都能坚持下来。

56

合理管控交际

- 无须与所有人搞好关系
  - ——合理管控职场人际关系
- 正能量语言益于健康
  - ——合理管控交际用词
- 眼神、表情和态度比语言更重要
  - ——合理优化表达方式
- 主动倾听伴侣心声
  - ——合理优化夫妻关系
- 适度距离感与分担家务
  - ——合理管控居家办公
  - （夫妻篇）
- 及时排解情绪以预防心理疾病
  - ——合理管控情绪
- 良好的人际关系让你更幸福
  - ——加强与人交往

无须与所有人搞好关系

合理管控职场人际关系

很多人对职场人际关系感到苦恼不已，据说商务人士的绝大部分精神压力来自人际关系。

反之，如果能处理好人际关系，每天就能快乐地工作。

其实，我们无须将人际关系想得太复杂。

职场人际关系没那么重要

如果你在职场受到他人的攻击与孤立，一定会倍感郁闷。不过，虽然很多人认为职场人际关系很重要，其实就整个人生而言，它并没有那么重要。以我的交友情况为例，在职场相识的同事中，没有一个人与我保持了十年以上的交往，因为"职场人际关系"与特定场所相关联，是一种临时性、短期的人际关系。当你辞职后，那些同事肯定不会像跟踪狂一样尾随你。即便偶尔受到同事攻击，在走出公司大门时，你与他们就是毫无关系的人。如果在回家后或睡觉前总是回想自己被别人攻击的事，就真可能变成易受攻击的体质了。

心理学疗法中的"人际心理治疗"（IPT）认为，最重要的人际关系是与家人、恋人及伴侣的关系，其次是朋友关系，而最不重要的人际关系就是同事关系，三种人际关系在生活中的占比为5：3：2。可见，当一个人与家人、朋友的关系很稳定时，所有人际关系中的八成就处于稳定状态。即便偶尔为职场人际关系感到困扰，也无须辞职。我们与其将精力用在职场人际关系上，不如更加珍视家人与朋友。适时增加与家人、朋友的交流能帮助我们治愈心灵、缓解压力。

只要拥有真心实意地支持自己的家人和朋友，即便偶尔为职场人际关系感到苦恼，也依然能鼓足勇气快乐地生活。

1：2：7好感法则

在某本典籍中有这样一条训示：当你身边有十人时，会有一人总是反对你，你们会互生嫌隙；会有两人与你三观相合，你们会成为朋友；而剩余七人与你则是不好不坏的关系。

其实，我在知道这条训示之前，就曾结合自身经历在研讨会上讲过类似的道理。如果你身边有十人，总有一人讨厌你、两人喜欢你，而剩余七人对你根本不在意。

如果审视自己所处的职场环境就会发现，你的人际关系比例大概就是如此。而且无论你转去哪个公司、团队或社会团体，都会有讨厌自己的人或与自己不合拍的人，但当你用心观察时还会发现，支持自己的人是前者的两倍以上。

我将此规律称为"1：2：7好感法则"。我们既不会被所有人讨厌，也不会被所有人喜欢。然而奇怪的是，很多人总是想与身边所有人搞好关系。虽然我们从上小学起就接受了模仿学习教育，然而在实际生活中真没必要如此。

公司是工作场所，并非交友场所，与同事们保持正常的工作关系足矣。当然，如果遇到与自己合拍的同事，也可以加深交往。不过，完全没有必要与所有同事都搞好关系。遇到不喜欢自己的人时，想到"十人中就有一个这样的人"，随即便能释怀。当我们遇到的人越多时，我们就越容易碰到这类"攻击者"。

所以，不要把宝贵精力用在讨厌你的人身上，而应该用在你珍视的人身上。

化敌为友

对付"攻击者"最有效的办法就是以礼相待。

如果被人攻击时以同样态度反击回去，会正中对方下怀。因为攻击者类似于兴奋型罪犯，对方越是生气、反驳、厌恶，他越兴奋，从而进一步升级攻击强度。

反击会让双方关系进一步恶化，以致无法挽回。被人攻击时，最应该做的就是面带微笑地说一句"谢谢"。同时，还要尽量做一些利于对方的举动。当你友善地对待对方时，你与对方身上都会分泌出一种情感物质——催产素，你越是善待攻击者，对方越是不得不增强对你的好感，那些攻击性行为也会自然消失。

大部分人面对他人的攻击时，多会选择反击，这只会让双方关系更加恶化。如果能忍住不还击而以友好示之，不但会让对方有空打一拳之感，还可能使你们朋友。以隐忍、友好的态度面对攻击能充分发挥催产素的威力，进而促使对方改变行为。

正能量语言益于健康

合理管控交际用词

"词语"是说话、书写时的基本单位，我们通过使用各种词语进行交流。你如果觉得生活不如意，就先从改变自身用词开始吧！

不说恶言

恶言恶语就像一条导致厄运的符咒。

那些感觉自己不幸的人，多是经常口出不逊、牢骚满腹的人。也许你认为"正是因为他们不幸才导致他们口出恶言"，其实，两者的因果关系正相反，由于他们经常口出恶言才导致了自身的不幸。

恶言恶语会对身心造成伤害。很多人认为说几句狠话可以缓解压力，然而，从脑科学角度而言这种观点并不正确，人越是说难听的话，自身精神压力就越大。经常口出恶言、牢骚满腹的人与常人相比，患阿尔茨海默病的概率要高出三倍。还有研究指出，口出恶言会增加自身压力，而压力会刺激皮质醇过量分泌，从而降低免疫力、诱发多种疾病，因此这类人的平均寿命会缩短五年左右。

其次，口出恶言会影响人际关系，背后说人坏话也是如此。

当你说出"我很讨厌A"时，这件事就会作为记忆印刻在大脑里，而这种想法会在无意中转化为一种无声信息传递给A，于是你与他的关系会更加恶化。当你对A的恶言进一步升级时，你就会变成一个非常刻薄的人，甚至将此习惯用于自己身上。你会经常无意识地寻找自己的缺点，之后陷入不安与自责，降低自我认可度，最终离幸福越来越远。

多用积极性词语

尽管前文谈到不能口出恶言，但是生活中总有人遇事时忍不住发几句牢骚。当然，在以研究如何让人类获得幸福为主旨的心理学领域，也并未提出"不得使用消极性词语"。我们可以偶尔说几句牢骚话，排解一下负面情绪，关键是要控制好这类词语的用量。一般而言，使用积极性词语与消极性词语的比例（以下简称"PN比"）应保持在3：1以上。即每说出一个消极性词语，就要说出三个以上的积极性词语，如此一来，即便偶尔说几句牢骚话也无伤大雅。

美国北卡罗来纳大学曾经对职场PN比进行研究，其结果显示，PN比高于3：1，即多使用积极性词语的团队不仅工作氛围好，业绩也相对较好。在业绩最好的团队中，积极性词语的使用频率是消极性词语的6倍以上。

积极性词语对夫妻关系的影响也是如此。PN比为3：1的夫妻多能保持良好关系，其离婚率也较低，PN比为5：1的夫妻在共同生活10年之后也几乎不会离婚。

总之，将积极性词语与消极性词语的比例保持在3：1以上，就能有利于社交与工作的顺利展开。

经常表达感谢

有一个表达简洁、效力巨大的积极性词语——谢谢。这是一句有魔力的词语。简单一句"谢谢"不仅能刺激催产素分泌，还能刺激双方身体分泌内啡肽。内啡肽是一种具有镇痛效果的脑物质，也被称为"终极幸福物质"。脑科学研究已证明听到对方致谢会让自身产生强烈的幸福感。

每天临睡前写一篇"感谢日记"会非常益于健康（有效改善睡眠、提升免疫力、减轻疼痛、降低血压、延长运动时间）。心理学研究已证实感谢日记在心理疏导（提升正面情绪、愉悦感及幸福度）及优化人际关系（增加宽容度、塑造外向型性格、减少孤独感）方面具有重要的作用。

如果你能每天微笑看着对方说三次以上的"谢谢"，你的人际关系一定会得到明显改善。

眼神、表情和态度比语言更重要

合理优化表达方式

不会与人交流是导致人际关系恶化的主要原因。下面介绍三点注意事项，帮你更好地与人交流。

用非语言方式传递想法

很多不擅交流的人总想用语言来表达自己的想法，然而越是如此效果越不理想。

交流分为语言交流与非语言交流两种。其中，语言交流的主要内容是语言信息；非语言交流的主要内容包括外观、表情、眼神、姿态、动作、服装、仪容等视觉信息，以及声调、音量、音质等听觉信息。

美国心理学家阿尔伯特·梅拉比安（Albert Mehrabian）的研究显示，当用语言、视觉、听觉同时表达一条矛盾性信息时，55%的人选择相信视觉信息，38%的人选择相信听觉信息，只有7%的人选择相信语言信息。可见，人的九成判断力来自非语言交流。所以，比起讲话内容，我们更应该重视非语言信息，也可理解为"讲话方式优于讲话内容"。只有调整好讲话时的声调、音量、姿态、动作、表情等非语言表达方式，才能进一步加强沟通效果。有时即便不说出口，非语言信息也能将想法传达给对方，当你讨厌一个人时，对方也能通过非语言信息感觉到那种态度。这也是导致双方关系恶化的重要原因。

微笑+问候

如果你觉得非语言交流让人难以把握，那么你可以尝试最简单的示好方式——微笑。

微笑能在无意中向对方传达友好的信息，表示"我不是你的敌人""我很欢迎你"，或者"我愿意与你交流""我对你有好感"。反之，当你愁眉苦脸时，对方会认为"他很讨厌我""他不想被打扰"。

可见，微笑是交流的润滑剂，而问候是交流的入口。也许你觉得问候不过是几句客套话，只是为了加深双方交流，而问候其实可以帮助你打开彼此的心扉。有时，简单一句"早上好"就能起到这种作用。

当你早上精神饱满地笑着跟对方说一句"早上好"时，你很可能改善了对方对你的印象。

目光接触

所谓"目光接触"就是在讲话时注视对方的眼睛进行交流。当你有意识地进行目光接触时，对方会自然而然地觉得"他对我感兴趣""他充分理解了我的意思"。

脑科学研究结果证明，目光接触能刺激双方的催产素分泌，而催产素是一种情感激素、幸福激素。当对方身体分泌出催产素时，会增加对你的信任度与好感度。所以，偶尔的对视能有效提升人际关系。目光接触还能刺激多巴胺的分泌，让对方期待与你再次会面。

不过，有人在讲话时由于紧张而不敢看对方的眼睛，此时你不必直视对方眼睛，只需看着对方眉间或鼻子即可。

心理学家迈克尔·阿盖尔（Michael Argyle）对交谈时目光接触的频率进行了研究，其结果显示：两人会话时注视对方的时间占总时长的30%～60%，而目光接触的时间占总时长的10%～30%。

一般而言，我们与对方目光接触的时间最长不过1秒。即讲话时每隔10秒轻瞟一下对方。如此简单，谁都能够做到。

主动倾听伴侣心声

合理优化夫妻关系

在处理人际关系时，最让人感到苦恼的通常是职场关系，其次就是夫妻关系，下面介绍三种简单、有效、易操作的方法帮你巧妙改善夫妻关系。

每天向对方致谢

　　夫妻间发生争吵会严重影响家庭氛围。一旦夫妻之间发生冷战，就不容易打破僵局。不过，有一种简单有效的方法能立刻化解难题，那就是每天至少向对方说三次"谢谢"。关于这点，之前在"合理管控用词"中谈到过。如能在临睡前写一篇"感谢日记"，效果会更加明显。将自己对伴侣的感谢写入日记，能提升自我认可度和夫妻间的包容度。另外，大量心理学研究也证实了"感谢日记"的正向作用，只要能坚持写一周到十天就会有明显效果。

　　如果夫妻之间有些话羞于表达，可以用智能手机的即时通信软件发送如"今天带的饭很好吃，谢谢""谢谢你帮我倒垃圾"等消息。当你连续发出几条信息之后，对方一定会以"谢谢"回应。

增加积极性对话

很多妻子抱怨丈夫不肯倾听自己的心声，其中最主要的原因就在于妻子总喜欢发牢骚，而且一说起来就絮絮叨叨、没完没了。丈夫工作一天回到家之后已是精疲力竭，如果再听到妻子的各种不满、牢骚，简直如同身在炼狱。

美国的婚姻问题研究专家约翰·戈特曼（John Gottman）博士曾对夫妻间积极性对话与消极性对话的比例进行研究，他发现当两者比例大于3：1时，离婚率较低，夫妻关系较为融洽；当两者比例大于5：1时，几乎不会离婚。

如果丈夫确实想改善夫妻关系，就请每天拿出30分钟听妻子说话，此时不要看电视、手机，而是要认真听对方说话。如果听到妻子发牢骚，丈夫可以多说一些积极性话语以中和消极性话语的负面影响。如果能将夫妻间对话所用积极性词语与消极性词语的比例控制在3：1，就不会影响夫妻关系。

改变说话口吻

有这样两句话：

"出门时别忘扔垃圾！"
"如果出门时能帮我扔一下垃圾，就太好了！"

各位认为哪句话更容易让对方接受呢？

上边那句带有命令的口吻，心理学将这种说话方式称为"指使型表达"（"你要……"）；下边那句是将自己的想法准确表达出来，被称为"谅解型表达"（"我希望……"）。"指使型表达"常带有命令口吻，容易引起对方的抵触与反感，而"谅解型表达"则流露出说话人对对方的体谅之情，更容易让对方接受。

其实，不只是夫妻之间，当我们有求于人时，使用"谅解型表达"的效果也明显优于"指使型表达"。

适度距离感与分担家务

合理管控居家办公（夫妻篇）

居家办公的挑战性就在于既要处理好与家人的关系，又要顺利完成工作。前文中介绍了如何营造良好的居家办公环境，接下来将主要介绍如何在居家办公期间维护好与家人的关系。

保持心理距离

当丈夫长期居家办公时，妻子的精神压力陡然增大，从而产生厌烦情绪，甚至引发争吵。从理论上讲，两人相处时间增多更利于夫妻关系，然而事实却正好相反。

心理学中的"刺猬效应"能解释其中缘由。两只刺猬在寒冷环境中会靠近以互相取暖，然而它们身上的刺会刺痛对方。分开觉得冷，靠得太近又会互相伤害。所以，两只刺猬通过不断调整彼此间的距离以达到既能互相取暖又不互相伤害的程度。离得太远觉得寂寞，靠得太近又会伤害对方。可见，在夫妻关系中保持一种恰到好处的距离感有多么重要。

丈夫在家办公会过度拉近夫妻间的心理距离，更易生出嫌隙，对话增多也更易让对方觉得厌烦。所以，处理好居家办公期间夫妻关系的要诀就是"保持心理距离"。

之前在"合理管控居家办公（环境篇）"中谈到，决定工作区与工作时间是保持夫妻间心理距离的一种好方法。

营造独处时间

据调查，日本自新冠肺炎疫情发生以来，丈夫居家办公给妻子造成的最大压力就是准备一日三餐。在发生疫情之前，妻子只需准备早晚两餐即可，然而由于丈夫居家办公，妻子还需额外准备午餐，由此也增加了清理、打扫等诸多工作，让妻子倍感压力。其实，有一种做法可以化解这个难题，那就是外出用餐。比如，我上午通常在家工作，但是午饭肯定会出去吃。调整心情的同时还能顺便散步，而大脑被重新激活之后，下午的工作效率也会提高。如果在家吃午饭，不仅影响午后的工作状态，还会增加妻子的负担。

正如有些公司允许员工在公司以外的场所办公一样，我们可以上午在家工作，下午去咖啡馆或共享办公空间工作以改变工作环境。

妻子也需要独处时间，丈夫应尽量在外面吃午餐或者每天抽出几小时外出办公，以缓解妻子的不良情绪。

如果你一整天都待在家里会增加妻子的压力，甚至严重影响妻子的情绪。这一点请各位丈夫尤其要注意。

主动承担家务

在居家办公期间，最令妻子感到不悦的就是丈夫从不分担家务。丈夫长时间在家不但增加了妻子准备餐食的工作量，还会影响妻子打扫房间，也间接增加了整理方面的工作量。所以丈夫应主动分担家务以减轻妻子的负担，进而改善妻子的情绪。

例如，丈夫可以主动收拾并清洗自己用过的餐具杯盘，帮忙扔垃圾、刷洗马桶、清理浴室等。如果家里有孩子，还应承担一部分育儿工作。丈夫做这些并不是为了讨好妻子，将自己的垃圾清理掉、自己用过的餐具洗刷干净是再正常不过的事。

丈夫居家办公时应注意不增加妻子的家务负担，只有做到这一点才能有利于居家办公期间的夫妻关系。

合理管控情绪

及时排解情绪以预防心理疾病

易怒、易烦躁不仅影响他人对自己的印象，还可能导致人际关系恶化，甚至引发纠纷。

不安及消极思想对人际关系也同样不利，我们必须设法控制不良情绪。

通过早上散步控制情绪

血清素是调节情绪的神经递质，一旦分泌不足时人就无法控制情绪，出现易怒、烦躁、不安等症状。人在工作繁忙时承受巨大的精神压力，大脑处于疲劳状态导致血清素分泌不足，因此人的情绪很不稳定。就临床经验而言，很多病人在入院前暴躁易怒，但在三个月后出院时变成了开朗乐观的人。这是因为医生在病人住院期间采用了能激活病人血清素的治疗方法，使其情绪逐渐趋于稳定。

对于健康的人而言，每天进行5～10分钟的早上散步能有助于保持身体健康。不过，如想改善情绪不安的状况，就需进行15～30分钟的早上散步（每周数次即可）以提高血清素分泌水平，坚持两个月以上方可见到成效。

保持7小时以上睡眠

　　日本国立精神和神经医疗研究中心的研究发现，当一个人连续5天睡眠时间在4个半小时左右时，大脑会出现类似抑郁症、精神分裂症患者的状态，由此引发不安、混乱、抑郁（情绪低落）等情绪。可见，睡眠不足可能会导致情绪不稳定及抑郁。

　　小脑扁桃体被称为"大脑的危险预警装置"，一旦人出现不安、恐惧、愤怒等负面情绪时，小脑扁桃体就会变得异常兴奋进而引起睡眠不足，当人睡眠不足时也更易诱发上述不良情绪。那些平时睡眠时间少于6小时的人或许已经出现情绪不安的征兆。

　　我们每天应保持7小时以上的睡眠时间。睡眠质量好的人，情绪也相对稳定。如果你希望提升工作效率、改善人际关系，每天只需增加1小时睡眠时间就会收到意想不到的效果。

适时排解不良情绪

　　如果你感到莫名焦躁，很可能是因为睡眠不足或者大脑疲劳（血清素分泌不足）。当人承受过多精神压力时，人就容易变得焦躁、易怒。缓解压力的最有效方法就是发泄，你可以对他人倾诉自己的担心与不安。此时的倾诉不同于商量，商量重在解决问题，而倾诉重在对家人、朋友道出自己的所思所想，并不一定要获得解决问题的方法。

如果将烦恼憋在心里，只会进一步升级压力；如果找他人倾诉，压力就会有所减轻。敞开心扉向亲友倾诉能帮我们化解绝大部分压力。

良好的人际关系让你更幸福

加强与人交往

任何人都不可能独自生存。

下面谈一谈人际交往给身心带来的益处。

孤独感会侵蚀心灵

　　不与他人交往便会陷入孤独。自从新冠肺炎疫情暴发以来，有些老年人因害怕感染，一步也不愿迈出家门。另外，由于各大学开始线上授课，同学之间无法见面交流，导致青年人的孤独问题也日益严重。

　　近几年的研究表明，孤独会给身心造成极其严重的伤害。美国杨伯翰大学（Brigham Young University）的研究结果显示，保持社交的人与无社交的人相比，早期死亡风险低50%，而后者所面临的死亡风险等同于每天吸15支烟的烟民。

　　感觉孤独的人的死亡率是常人的1.3～2.8倍，罹患心脏病的比例是常人的1.3倍，罹患阿尔茨海默病的比例是常人的2.1倍，认知机能的衰减速度要比常人快1.2倍，罹患抑郁症的比例是常人的2.7倍，抱有自杀意图的比例是常人的3.9倍。由此可知，孤独会给一个人的精神层面带来极其严重的影响。

有些人觉得与父母同住很安心，接触的人越多反而感觉越孤独。其实，这种想法并不完全正确。每个人对孤独的感受不尽相同，如果与他人交往时无法得到安抚与慰藉，也可能是因为人与人之间的个体差异。

消除孤独感最有效的方式就是与人经常联系或直接见面。如果不方便直接见面，可以使用社交软件互致问候，或是用电子邮件、电话、视频电话等方式定期联系。就沟通效果而言，视频优于声音，而声音优于文字。

掌握了上述规律，人与人之间的信息量会增多，交流效果也会更好。经常用电话或视频电话与朋友互致问候，能帮我们多少消除一些孤独感。

为了保持人际交往，我们要做到和朋友互相支撑、彼此关怀。

构筑稳定的人际关系

孤独为何能显著提升死亡率，对身心造成如此严重的影响？其原因就在于孤独会影响催产素的分泌。

催产素具有放松功效，能提高免疫力与细胞修复能力，不但能镇痛，还能降低罹患心脏疾病的风险，对健康十分有益。不仅如此，催产素还能降低皮质醇水平以缓解压力，稳定小脑扁桃体以减少不安情绪，激活副交感神经以放松身心，可见它对维护心理健康非常重要。而且，催产素还能提升大脑活力、增强记忆力、学习能力。

人陷入孤独时催产素分泌会减少，从而影响其发挥上述作用，给健康带来严重的不良影响。

另外，催产素也是人体三大幸福物质之一。当催产素分泌时，我们能体验到安心感与幸福感。

总之，构筑稳定的人际关系能让我们更加幸福。不过，这种关系并非自然形成，而是需要通过日常交流而逐渐加深交往。

亲切、感恩、助人

为了避免陷入孤独，我们在生活中应有意识地保持亲切、感恩、助人的态度。亲切待人会刺激催产素分泌，帮助他人或参加志愿者活动都是不错的选择。我们不能仅为自己而活，做一些有益于他人的事能让自己收获健康与幸福。

之前介绍过"感谢日记"的重要性，越是寂寞、缺乏社交的人越应该对他人怀有亲切、感恩之情。如果你待人亲切、常怀感恩之心，身边一定会围绕着很多朋友。

所以，保持亲切与感恩是应对孤独的上上策。

57

合理管控健康

- 保持健康的要领
   ——合理管控运动方式
- 睡眠重于控制饮食
   ——合理管控减肥计划
- 睡眠、运动、早上散步
   ——合理管控压力
- 补水的方式与时机
   ——合理补充水分
- 益于健康且提升工作效率
   ——学会正确地喝咖啡

保持健康的要领

合理管控运动方式

运动对于保持身体健康有着积极的作用，
这里仅向各位介绍其中最重要的三点。

保证每天最低运动量

市面上关于减肥、塑形及美容的书数不胜数，书中介绍的运动种类及运动时间因目的不同而各有差异。

作为一名精神科医生，我认为运动的终极目的是"保持健康"与"提升身心状态"。为达成这些目标，我们每天最少需运动多长时间，或者说防止运动不足的最低标准是什么呢？

那就是保证每天快走20分钟以上。根据世界卫生组织（WHO）的标准，不能在每周进行150分钟舒缓运动或75分钟剧烈运动的人属于运动不足。以日本为例，能保证这个运动量的人仅有20%，绝大部分日本人都处于运动不足的状态。

多项研究结果证明，每天快走20分钟能减少患中老年疾病的风险，减少50%左右的死亡风险，同时使平均寿命延长4年半左右。其实，每天快走20分钟并不难做到，只需在通勤时用更快的速度步行即可。只要能有意识地、有节奏地快步行走，就能获得明显的运动效果。不过，街上大部分人都是边看智能手机边低头走路，如此运动没有任何保健效果。

很多人都以"没时间"为借口不去运动，其实运动无须占用特定时间，只需在通勤或外出时快走。如此简单、省时而又有效的保健法绝无仅有，如果放弃真的非常可惜。

每周两三次中高强度运动

"不生病"是我们的最低目标，更多人希望自己的身体状态更好、更健康。我建议这些人除了每天快走20分钟之外，还应在每周进行两三次中高强度运动（合计45～60分钟）。

中高强度运动包括步行兼跑、慢跑、骑行、增氧健身、跳舞等，如在有氧运动前进行肌肉拉伸训练则效果更好。进行30分钟以上的中高强度运动可以达到燃脂（减肥）、消除疲劳、增强肌肉功能等效果。中强度运动还能刺激"聪明物质"——脑源性神经营养因子（BDNF）的大量分泌，该物质能激活脑神经，促进神经细胞再生。另外，中高强度运动能稳定"幸福物质"——血清素及多巴胺的水平，控制"不安因子"——去甲肾上腺素的分泌，从而起到稳定情绪的作用。当你不再焦躁、易怒时，人际关系也会更加融洽。

在十几年前，多数人认为"运动减肥需进行30分钟以上的高强度训练"。然而，最新研究表明，比起剧烈的高强度运动，中等强度及中高强度运动（达到畅快流汗程度的运动）对大脑、身体更为有益，其燃脂效果也更好。所以，我们不应苦于运动，而应尽情享受运动。

注意运动时段

在运动时间及强度相同的前提下，想取得最佳运动效果就必须考虑运动的时段。那么，在一天中何时运动效果最佳呢？目前，一般认为早晨运动的效果最好。

有人曾对睡眠质量与运动时段之间的关系进行研究，结果显示，早晨运动更利于提升睡眠质量。早上进行户外运动利于激活血清素、复位生物钟，促使副交感神经兴奋状态切换为交感神经兴奋状态，同时平衡自主神经系统。早上运动还能加快新陈代谢，有助于保持一整天的好状态，还能有效促进减肥。总而言之，早上运动是最为有效的运动法。

其次推荐的是傍晚运动。傍晚4点前后是人体一天中新陈代谢最为活跃的时段。如能在此时运动，可以加速燃脂，提升减肥效果。

之前在"合理优化专注力"中讲过，运动可以重焕专注力。运动后的数小时与早上起床后的状态接近，都属于大脑黄金时间，应被有效利用。我们在下班后，可以顺路去健身房运动一番，再将之后数小时用于学习或自我投资，定会收效颇丰。

晚上的较晚时段不适宜进行剧烈运动，尤其是睡前2小时，因为交感神经处于活跃状态会严重影响睡眠。如果要运动，一定要在事后进行2小时以上的舒缓调节活动。

我们可以根据自身生活规律决定运动时间，不过运动时段会左右运动效果，这一点请各位谨记。

睡眠重于控制饮食

合理管控减肥计划

减肥并非轻而易举的事。为何减肥总是失败呢？
下面介绍三项减肥要点，助你减肥成功。

早起称重

在"合理管控晨间事务"中曾谈到早晨称体重的重要性，这里再补充几点。

记录体重是减肥的必要事项。其原因在于如果不记录每天的体重变化，减肥意识会逐渐淡薄，直至彻底忘记。而且，不记录体重就无法将当前体重与一周前或一个月前的体重进行比较，从而无法了解自身体重变化。如果发现当前体重与一个月前相比下降明显，会刺激"动力物质"多巴胺的分泌，从而进一步强化减肥意识。

所以，持续记录体重能让你离减肥成功越来越近。坚持每天早起称重能强化减肥意识、提升减肥信心，仅15秒的称重时间对于坚持减肥至关重要。

保证7小时以上睡眠

减肥失败的另一原因就是睡眠不足。有研究证明睡眠与食欲之间存在以下关联：

（1）睡眠不足更易发胖

睡眠时间不足5小时的人与睡眠时间在六七小时以上的人相比，前者的年度身体质量指数（BMI）上升率约是后者的四倍。

（2）睡眠不足会刺激食欲

人一旦出现睡眠不足，增进食欲的食欲刺激激素的分泌水平会提高14%，抑制食欲的瘦素蛋白的分泌水平降低15.5%，总体而言，食欲水平提高了25%。

（3）睡眠不足时更难控制食欲

睡眠不足时，大脑负责下达合理指令的器官（前额皮质与岛叶）功能钝化，而引发"吃东西"这一行为的器官功能却活跃起来。可见，人在睡眠不足时更想吃东西，且控制力也更加薄弱。

（4）睡眠不足会增加热量摄入

在对与减肥相关的500份数据进行分析之后，得出一条极具震撼力的结论，即睡眠时间不足6小时的人每天会多摄入385千卡的热量，而这些热量需慢跑30分钟或者步行1小时才能被消耗掉。

（5）减缓基础代谢

睡眠不足会阻碍夜晚的生长激素分泌，生长激素具有燃脂作用，一旦分泌不足会减缓基础代谢，从而导致发胖。

综上可知，睡眠不足（睡眠时间少于6小时）的人易出现食欲过度旺盛的情况，从而更易发胖。我认为减肥失败的最主要原因就是"睡眠不足"，市面上那么多减肥相关书却对此只字未提，实在让人觉得不可思议。

与其费心尝试各种方法减重，不如保证每天7小时以上的睡眠，后者的减重效果更加明显。

早上散步能合理控制食欲

之前我讲过早上散步的益处。这里，我希望更多人了解早上散步对于减肥的显著功效。

早上散步具有合理控制食欲的作用。血清素能够控制位于下丘脑的摄食中枢。一旦血清素水平较低，人的食欲就会异常旺盛；如果血清素水平正常，就能有效抑制异常食欲。同时，血清素还能调节人的情绪，如果其水平较低时，人就变得焦躁、易冲动，从而导致暴饮暴食。那些因精神压力大而无节制吃甜食的人，多是这种情况。

还有研究指出：早上散步具有提高燃脂率（能提高20%）、抑制食欲、增加当日活动量、提升睡眠质量等多种功效。

可见，早上散步不仅有益于心理健康和提升工作状态，还具有减肥功效。

睡眠、运动、早上散步

合理管控压力

合理管控压力是我作为一名精神科医生的首要课题。
这里介绍调控压力的三项核心要点。

压力对健康无害

肯定有很多人对这一说法感到吃惊。人们通常认为"压力对健康有害",然而,美国斯坦福大学的最新研究结果表明,越是认为压力对健康有害的人,越容易受到压力影响,即压力激素的分泌受控于思维方式。

压力是我们在工作、生活过程中的必然产物,有一定程度的压力不足为怪。只要认识到这一点,就不容易受到压力的影响。问题的关键并非压力程度,而取决于产生压力的时段是否是夜晚。即便白天被公司榨取了全部精力,如能在回家后暂时忘记工作,彻底放松下来睡个好觉,绝大部分的压力与疲惫都会随之消散。然而,多数人在回家后依然纠结于工作上的不顺,怀着不安、紧张的情绪入睡。如此一来,处于活跃状态的交感神经(日间主要活跃的神经)会严重影响睡眠质量,自然无法消除疲劳。所以,夜间压力对健康最为不利。

白天勤奋工作，下班回家后应充分放松、好好睡觉，这是合理管控压力的基本法则。

关于在夜晚放松的具体方法请参照"合理管控睡前2小时"。

适时排解压力

尽管前文已给出方案，但是很多苦于职场人际关系的人在回家后，依然纠结于各类繁杂事务。那么，他们该如何缓解压力呢？

就我的从医经验而言，越是精神负担重的人，越容易独自扛下所有压力，他们同时承受着"繁重事务"与"无人诉说"的双重压力，其精神负担之重可想而知。我在之前讲过，将烦恼对他人倾诉能帮助你缓解大部分压力。实际上，心理咨询服务就是通过倾听进行心理治疗，当事人通过诉说来排解自身压力。

所以，当感到压力时，你不妨找人诉说。也许有人认为诉说无益于问题的解决，而排解压力与解决问题本就无关。我们只需将心中的苦楚说出来，让积蓄已久的压力排解一空。

用睡眠、运动、早上散步调整身心

绝大部分人认为缓解压力的最有效办法是解决造成压力的问题。然而，想彻底解决某些实际问题，如修复与领导的关系等却并非易事。

　　我认为缓解压力也不必非得解决问题。那么，究竟如何做才能缓解压力呢？答案就是要调整好身心状态。当人产生压力时会刺激压力激素分泌，从而引起身体变化。有三种方法能减少压力激素分泌，即睡眠、运动、早上散步。通过这三种方式，你一定能有效缓解压力。同时，这三点对于改善心理状态也极具效果，不仅能有效消除负面情绪，还能显著提升工作状态。你如果觉得最近精神压力较大，首先应做的就是保证睡眠、适量运动以及早起散步。

补水的方式与时机

合理补充水分

人体的70%由水分构成，水在维持生命、保持体内生物活性等方面不可欠缺。

如果不了解正确的补水方式，即便摄入足够的水，身体也可能处于缺水状态。

每日饮用2.5升以上的水

人体每天所需水共计2.5升，其中包括从饮水中摄入的1.5升水，以及从食物中摄入的1升水。对于体型偏胖或排汗较多的人，每天需水量在3升以上。另外，对于想减肥的人而言，为了加速新陈代谢更应该充分补水。

当人体出现缺水征兆时，大脑的工作状态会显著下降，这一点尤其需要注意。我每天起床后，会将饮用水装满1升容量的饮料瓶，这样做便于清楚地了解当日饮水量。我们在夏季或运动时饮水量会增多，而在室内工作时可能连续好几天的饮水量都不足1升，通过瓶装水进行定量便能立即知道身体是否缺水。另外，通过辨别尿液颜色也能了解身体是否摄入了足够的水分。当尿液颜色为浅黄色或麦色时，证明身体并不缺水；当尿液颜色为橙色或土黄色时，证明身体已极度缺水，应立刻补水。

补水时段

下面介绍一下补充水分的最佳时间。

（1）起床之后立即补水

人在起床后应立刻补水，这一点非常重要，因为人在睡眠时通过皮肤表面挥发汗液，失去的水分可达到500毫升，所以人在起床后处于缺水状态，即血液较黏稠的状态。如果不补水而直接进行剧烈运动，极易引发脑梗死及心肌梗死。因此，起床后首先要喝一杯温水（200～250毫升）。

（2）饮用温水

喝水的基本要点是喝温水。冷水、冰水会伤及肠胃，而温水不仅不伤身，还具有放松的效果，所以早晨、睡前等时段喝杯温水很有好处。

（3）睡前补水

人体在夜里易缺水，所以睡前喝杯水是不错的选择。不过，饮水过量也会导致起夜上厕所，进而影响睡眠，这一点也需注意。

（4）勤于补水

一次性大量摄入水分的方式也不可取，我们应每隔2小时喝半杯或一杯水，即少量多次地补水。

（5）口渴之前补水

很多人习惯在口渴之后补充水分，其实感到口渴时，身体已处于缺水状态。尤其在排汗较多的夏季，如果未在口渴前及时补水，极易引发中暑。另外，在运动时或洗澡前后等时段，也需根据排汗情况及时补水。

补水要诀

摄入水分时请注意以下事项。

（1）以水补水

有些人认为每天喝几杯茶或咖啡也可以补水，实则不然，茶类饮品中所含的咖啡因具有利尿作用，会将摄入量以上水分以尿的形式排出体外。因此，不推荐通过饮用茶来补水。说到底，"补水的主角是水"。

（2）以水伴酒

酒精具有较强的利尿作用，喝下1升酒会排出1.1升尿液。可见，酒精会促进排尿，从而导致身体处于缺水状态。一旦身体缺水就会影响酒精分解，进而导致伤酒与宿醉。所以，每喝下一杯酒应同时喝下一杯水。

（3）避免喝含糖饮料

含糖饮料中含有大量糖分，每500毫升饮料中的含糖量大致等同于17块方糖（即57克砂糖）。出于健康角度，人每天最多摄入25克砂糖，而这些饮料的含糖量是建议摄入量的两倍多。同时，饮料更易被身体吸收，从而导致血糖上升。如果每天喝饮料，对于身体健康会有不利影响。

好习惯修炼手册

益于健康且提升工作效率

学会正确地喝咖啡

休息时来杯咖啡着实不错。那么，咖啡到底对健康有无益处？

如何把握喝咖啡的时间和量？

如果你经常喝咖啡，切勿错过以下内容。

咖啡降低患癌风险

　　咖啡除了含有咖啡因之外，还含有很多抗氧化物质，所以普遍认为饮用咖啡益于健康。有研究结果显示：长期饮用咖啡使罹患肝癌、胰腺癌、肠癌及子宫癌的风险降低50%以上，使罹患心脏病的风险降低44%，使死亡率降低16%。另有大量精神医学研究结果证明饮用咖啡使罹患抑郁症的风险降低20%，罹患阿尔茨海默病的风险降低65%。

　　基于以上数据可知，喝咖啡是一种益于身心的习惯。

喝咖啡的最佳时段

（1）早间咖啡

咖啡因具有提神效果，喝咖啡能起到提神醒脑的作用。所以，早餐时或开始工作之前喝一杯咖啡，能让你精神饱满地投入工作。

（2）工作休息时

咖啡具有放松身心的效果，咖啡因还能提高专注力，加强短期记忆，加快反应速度，所以饮用咖啡有助于提升工作状态。

（3）运动前

咖啡因能使肥胖者的燃脂率提高10%，使体重正常者的燃脂率提高29%。另外，咖啡因还能显著提升肌肉耐力，运动前喝咖啡能提升训练效果。

（4）开车时

咖啡能提高专注力，加强短期记忆，加快反应速度。有研究结果显示：摄入咖啡因的驾驶员发生事故的概率降低63%。尤其在行驶前及行驶时饮用咖啡，能有效预防交通事故的发生。

咖啡因的"门禁时间"

饮用咖啡的最晚时间是几点呢？

咖啡因的半衰期是4~6小时，具体情况因人而异。对于老年人而言，这个半衰期可能更长一些。为了避免给睡眠造成严重影响，咖啡因的最晚摄入时间应为下午2点。虽然对咖啡因的敏感性存在个体差异，但如果在晚饭后喝咖啡，直到睡觉前血液中可能还残存着一半的咖啡因。

很多人会问："每天喝多少咖啡好呢？"其实这个问题不能一概而论。如果每天过量饮用咖啡，容易导致咖啡因上瘾（一旦不摄入咖啡因就会焦躁不安），所以，咖啡的最佳摄入量并无固定标准。总而言之，考虑到咖啡因上瘾以及对睡眠的影响，每天喝两至三杯咖啡较为合适。当然，如果你的睡眠质量不佳，就应适度减少咖啡的饮用量。

58

合理管控人生

- 自信从容地迈出新一步

  ——合理管控行动

- 平衡好生活各要素

  ——合理掌控幸福

- 合理管控行为，尽享每一天

  ——合理管控人生

自信从容地迈出新一步

合理管控行动

无论如何深思熟虑，不转化为行动都毫无意义。
有时，人考虑得越多越无法行动。这里，教你如何迈出新一步。

首先要尝试

本书列举了50项日常行为，针对每项行为给出了2~4条行动指南，希望各位先从容易实现或者想要尝试的内容着手。在前文"合理管控阅读"中曾讲过，绝大部分人阅读只是为了满足读书的虚荣心，而很少践行书中知识。所以，特别设置这一专题，以帮助你能迈出那关键的一步。本书将全部行动指南梳理成极具操作性的小单元，让难以坚持的习惯变得更易坚持。

首先要去尝试，这对于自身的成长与革新不可或缺。换言之，"从0到1"是首要目标，如果实现从0到1的过程，以后就能挑战各种难题。当你不再惧怕挑战带来的风险与痛苦时，你就会成长为一个勇于行动的人，从而顺理成章地进入自我成长的螺旋式上升体系，你的未来可期、前途无限。

实现这一切的第一步就是勇于尝试。每完成一项任务时，可在"行为管控自测表"中打钩。当你完成表中全部内容后，一定会倍感欣喜。

相信自我感觉

我每天在油管上会收到30个以上的问题，而很多问题都可以通过实践解决。其中，有人问我"早上散步时可以戴太阳镜吗?"，其实只要戴着太阳镜散步一次就会知道答案。激活血清素能让人觉得神清气爽，我相信绝大部分人在早上散步时都选择不戴太阳镜，当然这要当事人自己尝试过才知道。

总之，自我感觉很重要。益于健康的事物会让你感觉"愉快""舒适"。对于工作也是如此，适合自己的工作方式能提升专注力与工作效率，让自己更为自信。而不能带给你愉悦感、舒适感的事物则很难坚持下去，更不可能成为习惯。只有尝试后感觉良好的事物，才能自然而然地坚持下去。

请相信自己的感觉，也请明辨自己的感觉，因为你的感觉会告诉你什么最适合自己。

做力所能及之事

我非常喜欢这句话。

我们每个人只能做自己能力范围内的事。一旦工作或学习任务超出自己的能力限度，凭借一时冲劲或许可以勉强为之，但是长此以往会对身心造成严重伤害。

如果你有十成精力，尽可以全部发挥出来，而选择发挥九成精力做事则更显从容。然而，现实中很多人仅有十成精力，却使出十二成甚至十五成精力，更有甚者通过削减睡眠时间来完成目标，而最终结果却不尽如人意。

可见，"勉强而为"与"过耗心力"者无法长久。

做力所能及之事的另一种说法就是"按照自我节奏行事"。这里的"自我节奏"是指"最适合自己的节奏"。也许有人认为这种想法略显消极，然而人生就像一场马拉松，那些遇事强撑、过耗心力之人终将掉队。只有按照自己的节奏坚持下来的人才能跑到更远，并终有一天加入"先头部队"。

所以，凡事不要勉强，按照自己的步调前行吧！

平衡好生活各要素

合理掌控幸福

没有人不想得到幸福。然而，绝大部分人并不知道如何做才能获得幸福。这里，我将告诉你如何能获得幸福。

幸福感源自神经递质

幸福的概念显得笼统而难以捉摸，因为每个人对于幸福的理解各不相同。正是幸福的模糊性与不确定性，才让人觉得可望而不可即。

作为一名精神科医生，我考虑的是"在人产生幸福感时，大脑会发生何种反应？"。具体而言，大脑会分泌血清素、催产素及多巴胺这三种物质，即当大脑分泌出这三种物质时，任何人都能感到幸福。

三条幸福准则

与上述三种神经递质相关的是三条幸福准则，即"血清素式幸福（健康之福）""催产素式幸福（交往之福）""多巴胺式幸福（成功之福）"。

为了获得幸福，首先要弄清构筑幸福的先后顺序。

它们依次是健康＞交往＞成功。

有些人在事业上获得了成功，却因此失去了健康和家庭，这并不能称之为幸福。可见，健康是第一位的。然后，在维系好与家人、朋友关系的同时，投身到事业中。如此能最大化提升工作状态，获得全部幸福。

接下来对这三条幸福准则做详细解释。

所谓"血清素式幸福"就是身心健康。当你的身体与情绪都处于最佳状态，由此产生的"舒畅""清爽""畅快"的感觉均属于血清素式幸福。

所谓"催产素式幸福"就是人际交往带来的幸福，即与他人交往时产生的全部幸福感。当你与某人在一起时感到"快乐""愉悦""舒心"时，就属于此类幸福，包括夫妻、恋人等关系以及亲子、兄弟姐妹之间的家庭关系。另外，当你与朋友、熟人、宠物交流时，以及帮助他人时也能获得催产素式幸福。

所谓"多巴胺式幸福"就是事业成功带来的幸福，即获得成功时的巨大成就感与充实感。在获得金钱、财富或实现既定目标与自我成长时的幸福感，就属于此类幸福。另外，受到他人的褒奖、肯定时，产生物欲、金钱欲、名誉欲、食欲、性欲以及各种兴趣时，都会刺激多巴胺分泌。

请回顾自己的日常生活，然后以满分10分为标准分别给三条幸福准则打分。满足每项全部要求者记"10分"，全不满足者记"0分"，分值高低可根据个人主观感受而定。

幸福准则打分表

幸福准则	分数
多巴胺式幸福	分
催产素式幸福	分
血清素式幸福	分

平衡好三种幸福

经过上述评定能清楚了解到自己所拥有的以及所欠缺的幸福是什么，同时也了解到作为幸福基石的血清素式幸福与催产素式幸福是否牢固。在懂得如何平衡好这三种幸福之间的关系之后，就应努力补足欠缺的幸福。

本书介绍的行为管控指南与这三种幸福密切相关。如能按照主次顺序逐个弥补自己所欠缺的幸福，你的生活一定会被幸福填满。

在此，依据书中内容整理出增加幸福感的行动指南，仅供各位参考。

（1）血清素式幸福

- 睡眠（7小时以上）、运动（每天20分钟以上）。
- 早上散步（遵循"5—15—30分钟法则"）、利用通勤时间早上散步。
- 早晨健康管控（健康自测、称体重、补充水分、早淋浴、吃早饭）、利用休息时间运动。

- 不要久坐（每隔15分钟起身一次）。
- 管控体重、调整压力、适时排解压力。
- 夜晚需放松、写三行"正能量日记"。
- 合理管控早晨、夜晚行为及自身健康状况。

（2）催产素式幸福

- 使用感谢、暖心的词语，写感恩日记。
- 不要口出恶言、多说感谢。
- 适时排解压力、无条件信任对方、利用休闲时间交流。
- 处理好职场人际关系及夫妻关系。
- 合理管控交际。

（3）多巴胺式幸福

- 输入→输出→反思。
- 利用通勤时间自我提升、制定任务表。
- 先完成最重要的工作（活用大脑黄金时间），明确"15—45—90分钟法则"及专注力最佳时段。
- 离开舒适区、勇于挑战、适时休息。
- 劳逸结合。

合理管控行为，尽享每一天

合理管控人生

这是本书的最后内容。

我们应如何把握自己的人生呢？这是一个非常深奥的课题。

这里着重阐述人生中最重要的三方面内容。

成长与成功的指数关系

几乎所有的职场人都是认真而刻苦的。然而，有时你付出了努力却并未收到好结果，由此产生自我怀疑，丧失了主动性，并最终半途而废。其实，这些并不能否定你的能力。

成长是一种呈指数函数变化的动态分布，"努力却未获得结果"实属正常。请看下方的"成长曲线"。很多人付出了五十分的努力，就想获得五十分的结果。实际上，五十分的努力只能换来十分的结果，由此可知，理想与现实之间存在四十分的差距。即便付出七十分的努力，也只能换来二十分的结果，而其中的差距正是造成精神焦虑与不安的根本原因。

不过，如果能坚持努力下去，最后一定会有巨大的收获，这就是成长曲线的规律。图中，开始显现结果的点被称为"拐点"。

无论做什么事，如果不能坚持到超越拐点就毫无意义。

据我观察，实际生活中90%以上的人在到达拐点之前就放弃了，他们多是由于坚持不下去而选择放弃。其实，这样做非常可惜，只要再加把劲就能获得超乎想象的成功，我多希望他们能坚持下去。

当你想开始学习、工作、运动或其他任何事时，你不妨想一想成长曲线。在漫长幽深的隧道尽头，一定会迎来灿烂的前景。

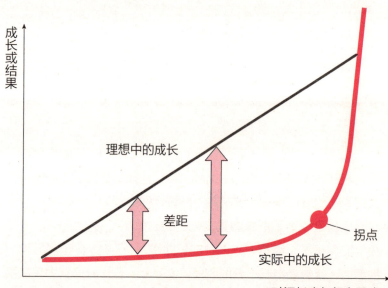

成长曲线

好习惯修炼手册

改变用词即改变人生

这是我最近较为欣赏的一句话。

我曾在我的另一本书中讲过"每天要说三次谢谢"。当我有意识地这样做时，三个月后我发现自己结识了更多优秀的人，同时还争取到了非常重要的工作。而且，我身边的人也会经常说"谢谢"，无论公事、私事都变得更加顺利。

迄今为止，我已接触过数千人，对于他们中间的成功者与失败者、治愈者与久治不愈者之间的区别进行了仔细观察。我发现成功者与治愈者的共同点就是经常使用积极性词语，而失败者与久治不愈者的共同点则是经常使用消极性词语，尤其喜欢说坏话、指责他人。

其实，使人生向好的方向发展非常简单，只需少说消极性词汇、多说积极性词汇，少说恶言、多说感谢，仅此而已。并且，在生活中应主动友好待人、乐于助人。

关于感谢的重要性在前文中虽然讲过，但这里还想再重申一下。感谢与友好能刺激自己与对方的催产素分泌，而催产素是能带给人爱意与幸福的神经递质。当周围人对你的好感度增加时，人际关系就会非常融洽，工作也随之顺利开展，一切都显得尽如人意。

你如果对此抱有怀疑，不妨开始试着写"感谢日记"或"友善日记"。当坚持写十天之后，你就会有所收获；如果坚持三个月以上，你的人生就会发生巨大改变。

改变用词就是改变人生，这一点毋庸置疑。

这是我的座右铭。

不过，在我接触过的精神类疾病患者中，能做到这一点的人少之又少。他们大多悔于过去、忧于未来。

人在一天当中，一定会有几件快乐的事，如果能在睡前重温这些小快乐，心情会非常愉悦。当你坚持一周这样做时，你就能收获一周的快乐；坚持一年时，你就能收获一年的快乐；坚持五十年时，你就能收获终生的快乐。

我们应该尽享当下时光，做到这一点便能开创幸福人生。与其执着于过去和未来，不如把精力用于当下。尽力做好力所能及之事，珍惜每一天，这就是"活在当下"的真谛。

希望各位读者能坚决、逐项落实书中的行为管控要点，并使之成为习惯。如此一来，你的生活一定会变得充实而愉悦。

行为管控自测表

本书针对50项日常行为给出153条行动指南。该自测表便于各位读者在管控日常行为时进行自我监督，以充分落实书中内容。

合理管控晨间行为

起床时间	☐ 相同时间起床	☐ 非强迫式早起	☐ 复位生物钟
早起型或晚睡型	☐ 不必在意基因影响	☐ 早起&早上散步	☐ 沐浴晨光
清醒	☐ 拉开窗帘睡觉	☐ 30秒健康自测	☐ 意象训练
晨间事务	☐ 称体重	☐ 喝一杯水	☐ 早淋浴
早上散步	☐ 了解其效用	☐ 至少5分钟	☐ 也可晒太阳
早餐	☐ 确认是否有低血糖	☐ 吃早餐	☐ 细嚼慢咽
通勤时间	☐ 利用该时间运动	☐ 自我投资	☐ 准备工作
初始性工作	☐ 不回复电子邮件	☐ 制定工作项目表	☐ 先完成重要工作

合理管控日间行为

午休	☐ 外出就餐	☐ 亲近自然	☐ 小憩
休息	☐ 放下手机	☐ 运动（站立、步行）	☐ 交流
休息时机	☐ 适时休息	☐ 设法充分消除疲劳	☐ 有效利用专注时间
午后工作	☐ 减少午后困意	☐ 交流时间	☐ 划分时限
会议、商谈	☐ 只开必要会议	☐ 午后进行	☐ 严格守时
零食	☐ 焦躁时吃	☐ 只吃一小袋	☐ 坚果为佳
音乐	☐ 工作前听	☐ 简单作业或运动时听	☐ 了解"静音族"与"杂音族"

合理管控夜间行为

休闲娱乐	☐ 勤于休闲娱乐、乐于休闲娱乐	☐ 制订休闲娱乐计划	☐ 拥有极致时间
看电视	☐ 有目的性地看	☐ 边运动边看	☐ 不看太多新闻
饮酒	☐ 知晓"酒不能减压"	☐ 适量饮酒	☐ 每周两天护肝日
消除疲劳	☐ 睡前90分钟洗完澡	☐ 睡前不吃东西	☐ 疲劳时更应运动
睡前2小时	☐ 放松	☐ 避免兴奋、刺激	☐ 睡前30分钟保持放松
临睡前	☐ 保持愉悦	☐ 写三行"正能量日记"	☐ 默记

合理管控工作

专注力	☐ 擅用"15-45-90分钟法则"	☐ 大脑黄金时间	☐ 有氧运动
干劲	☐ 理解"干劲"的含义	☐ 立刻行动	☐ 预热性工作
享受工作	☐ 理解"享受"的含义	☐ 进行自我投资、实现自我成长	☐ 输出型工作
激发灵感	☐ 30秒内记录	☐ 创造性"4B法则"	☐ 等待创意孵化
幻灯片演示	☐ "6：3：1准备法则"	☐ 至少三次预演	☐ 制定万无一失的答疑策略
紧张	☐ 说出"我很激动"	☐ 挺胸站直15秒	☐ 20秒深呼吸
智能手机	☐ 每天使用时间控制在2小时以内	☐ 远置智能手机	☐ 合理用智能手机
居家办公（环境篇）	☐ 确定工作区	☐ 设定免扰时段	☐ 营造特定空间以提升专注力

合理管控学习

输出	☐ 开启输出"三点循环"	☐ 3：7黄金比	☐ 每两周输出三次
记忆	☐ 每两周进行三次讲述或书写	☐ 记忆的黄金时间	☐ 活用运动时、运动后
输入	☐ 输入后必输出	☐ 防止漏听	☐ 以输出为前提
阅读	☐ 书能解忧	☐ 选择需要的书	☐ 阅读+输出
资格考试	☐ 每天早上学习30分钟	☐ 利用碎片时间默记	☐ 历年考题最关键
持久力	☐ 降低目标难度	☐ 过程性记录	☐ "三日法则"

合理管控交际

职场人际关系	□ 了解"5：3：2法则"	□ 了解"1：2：7好感法则"	□ 化敌为友
用词	□ 不说恶言	□ 正能量词语的三倍效力	□ 每天说三次"谢谢"
表达	□ 用非语言方式表达	□ 笑容&问候	□ 目光接触
夫妻关系	□ 每天说三次"谢谢"	□ 正能量词语的三倍效力	□ 改变说话口吻
居家办公（夫妻篇）	□ 保持心理距离	□ 有意识地外出	□ 分担家务
情绪	□ 早上散步	□ 保持7小时以上睡眠	□ 适时排解
交往	□ 有意识地与人交往	□ 主动构筑联系	□ 亲切、感恩、助人

合理管控健康

运动	□ 每天快走20分钟	□ 追加高强度运动	□ 优化运动时段
减肥	□ 早晨称重	□ 7小时以上睡眠时间	□ 早上散步
减压	□ 了解压力对健康无害	□ 排解（谈心）	□ 睡眠、运动、早上散步
补水	□ 每天补充足够水分	□ 减肥时应多补水	□ 补水要点
喝咖啡	□ 咖啡益于健康	□ 减肥时应多喝咖啡	□ 下午2点是"门禁时间"

合理管控人生

行动	□ 首先要尝试	□ 相信自我感觉	□ 做力所能及之事
幸福	□ 了解与幸福相关的神经递质	□ 自我评定三种幸福	□ 均衡三种幸福
人生	□ 了解成长的指数变化规律	□ 改变用词	□ 活在当下

结　语

感谢各位读者能陪我走到这里。

本书围绕50项日常行为提出了相关的行为管控要点。通过践行这些内容，你的身体状态、专注力及工作状态一定会得到大幅度提升，人际关系也会得到明显改善。

生活中的很多人觉得自己诸事不顺、一无所成，其原因就在于他们的生活习惯、行为及思维方式、社交等方面出现了问题。对此，本书收录了日常行为要诀（行为管控要点）以帮助你突破生活的瓶颈。

如果你纠结于如何让自己的人生更加完美、顺遂，本书给出了具体答案与行动方案。掌握好这些行为管控要点，一定能让你的烦恼得到切实解决。当你因困惑、忧虑而裹足不前时，唯有行动才能打破僵局。

对于书中列出的行为管控要点，你可以先选出最具可行性的三项内容，然后用一周时间去落实。到下一周时，再实践另外三项要点。照此速度推进，一年就能落实几乎所有要点，可以覆盖本书全部内容。

在设定当日目标之后，可以以游戏的心态完成，比如先做到"休息时间不看智能手机"。为了提升效果，还需有效利用"行为管控自测表"。

我每天会收到30多封咨询电子邮件，其中的绝大部分问题都可以通过书中的行为管控要点得以解决。换言之，如果能切实践行书中内容，生活中的绝大部分烦恼都能得到解决。当精神压力得到缓解之后，你就获得了前行的动力。

我希望各位能充分利用这本"行动指南"解决生活中各类问题。我的理想是介由科普手段预防精神类疾病。如果能坚持落实书中内容，不仅有助于缓解大部分压力，你的工作及人际关系也会更加顺遂，从而愉快地度过每一天。

如果本书中内容在减轻压力、降低患病风险方面能对你有所裨益，对于我这名精神科医生而言就是莫大的幸福。

参考文献

『ブレインメメタル強化大全』(樺沢紫苑著、サンクチュアリ出版)

『かつてないほど頭がさえる! 睡眠と覚醒 最強の習慣』(三島和夫著、青春出版社)

『Sleep,Sleep,Sleep』(クリスティアン・ベネディクト、ミンナ・トゥーンベリエル著、サンマーク出版)

『精神科医が見つけた3つの幸福』(樺沢紫苑著、飛鳥新社)

『朝時間が自分に革命をおこす 人生を変えるモーニングメソッド』(ハル・エルロド著、大和書房)

『結果を出し続ける人が朝やること』(後藤勇人著、あさ出版)

『脳からストレスを消す技術』(有田秀穂著、サンマーク出版)

『世界一シンプルで科学的に証明された究極の食事』(津川友介著、東洋経済新報社)

『神・時間術』(樺沢紫苑著、大和書房)

『タイムマネジメント大全 24時間すべてを自分のために使う』(池田貴将著、大和書房)

『ヤバい集中力 1日ブッ通しでアタマが冴えわたる神ライフハック45』(鈴木祐著、SBクリエイティブ)

『期待以上に部下が育つ高速会議』(沖本るり子著、かんき出版)

『ハーバード医学教授が教える 健康の正解』(サンジブ・チョプラ、デビッド・フィッシャー著、ダイヤモンド社)

『人生の主導権を取り戻す 最強の「選択」』(オーブリー・マーカス著、東洋館出版社)

『学び効率が最大化するインプット大全』(樺沢紫苑著、サンクチュアリ出版)

『大人はもっと遊びなさい 仕事と人生を変えるオフタイムの過ごし方』(成毛眞著、PHP研究所)

『時間術大全 人生が本当に変わる「87の時間ワザ」』(ジェイク・ナップ、ジョン・ゼラツキー著、ダイヤモンド社)

『酒好き医師が教える 最高の飲み方 太らない、翌日に残らない、病気にならない』(葉石かおり著、日経BP)

『スタンフォード式 最高の睡眠』(西野精治著、サンマーク出版)

『3つの幸福』、『結果を出し続ける人が夜やること』(後藤勇人著、あさ出版)

『一流の頭脳』(アンダース・ハンセン著、サンマーク出版)

『学びを結果に変えるアウトプット大全』(樺沢紫苑著、サンクチュアリル出版)

『仕事は楽しいかね?』(デイル・ドーテン著、きこ書房)

『脳が認める勉強法―「学習の科学」が明かす驚きの真実!』(ベネディクト・キャリー著、ダイヤモンド社)

『いい緊張は能力を2倍にする』(樺沢紫苑著、文響社)

『ドキドキ・ブルブルなし 理想の自分で輝くためのあがり症克服術』(村本麗子著、明日香出版社)『スマホ脳』(アンデシュ・ハンセン著、新潮社)

『「気分よく」働けて、仕事がはかどる! 一流の人は知っているテレワーク時代の新・ビジネスマナー』(石川和男、宮本ゆみ子著、WAVE出版)

『テレワークでも部下のやる気がぐんぐん伸びる! リモート・マネジメントの極意』(岡本文宏著、WAVE出版)

『「知」のソフトウェア 情報のインプット&アウトプット』(立花隆著、講談社)

『受験脳の作り方―脳科学で考える効率的学習法』(池谷裕二著、新潮社)

『独学大全 絶対に「学ぶこと」をあきらめたくない人のための55の技法』(読書猿著、ダイヤモンド社)

『読んだら忘れない読書術』(樺沢紫苑著、サンマーク出版)

『ムダにならない勉強法』(樺沢紫苑著、サンマーク出版)

『覚えない記憶術』(樺沢紫苑著、サンマーク出版)

『脳を最適化すれば能力は2倍になる 仕事の精度と速度を脳科学的にあげる方法』(樺沢紫苑著、文響社)

『脳を活かす勉強法 奇跡の「強化学習」』(茂木健一郎著、PHP研究所)

『精神科医が教えるストレスフリー超大全』(樺沢紫苑著、ダイヤモンド社)

『嫌われる勇気 自己啓発の源流「アドラー」の教え』(岸見一郎、古賀史健著、ダイヤモンド社)

『幸福優位7つの法則 仕事も人生も充実させるハド式最新成功理論』(ショーン・エイカー著、徳間書店)

『1分で話せ 世界のトップが絶賛した大事なことだけシンプルに伝える技術』(伊藤羊一著、SBクリエイティブ)

『なぜ夫は何もしないのか なぜ妻は理由もなく怒るのか』(高草木陽光著、左右社)

『人生うまくいく人の感情リセット術』(樺沢紫苑著、三笠書房)

『精神科医が教える病気を治す感情コンル術』(樺沢紫苑著、あさ出版)

『ニューヨーク大学人気講義 HIAPPINESS(ハピネス):GAFA時代の人生戦略』(スコット・ギャロウェイ著、東洋経済新報社)

『親切は脳に効く』(デイビッド・ハミルトン著、サンマーク出版)

『脳を鍛えるには運動しかない!』(ジョン・J・レイティ著、NHK出版)

『トロント最高の医師が教える世界最新の太らないカラダ』(ジェイソン・ファン著、サンマーク出版)

『スタンフォードのストレスを力に変える教科書』(ケリー・マクゴニガル著、大和書房)

『SLEEP 最高の脳と身体をつくる睡眠の技術』(ジョーン・スティーブンソン著、ダイヤモンド社)

『GIVE&TAKE「与える人」こそ成功する時代』(アダム・グラント著、三笠書房)

『幸せがずっと続く12の行動習慣』(ソニア・リュボミアスキー著、日本実業出版社)

KYO GA MOTTO TANOSHIKU NARU KODO SAITEKIKA TAIZEN
© Zion Kabasawa 2021
First published in Japan in 2021 by KADOKAWA CORPORATION, Tokyo.
Simplified Chinese translation rights arranged with KADOKAWA CORPORATION,
Tokyo through Shanghai To-Asia Culture Communication Co., Ltd.

北京市版权局著作权合同登记 图字：01-2022-0081。

图书在版编目（CIP）数据

好习惯修炼手册 /（日）桦泽紫苑著；冯莹莹译 .
—北京：中国科学技术出版社，2022.5（2023.7 重印）
ISBN 978-7-5046-9579-6

Ⅰ.①好… Ⅱ.①桦… ②冯… Ⅲ.①习惯性—能力
培养—通俗读物 Ⅳ.① B842.6-49

中国版本图书馆 CIP 数据核字（2022）第 070430 号

策划编辑	申永刚　赵　嵘
责任编辑	杜凡如
封面设计	创研设
版式设计	锋尚设计
责任校对	邓雪梅
责任印制	李晓霖

出　　版	中国科学技术出版社
发　　行	中国科学技术出版社有限公司发行部
地　　址	北京市海淀区中关村南大街 16 号
邮　　编	100081
发行电话	010-62173865
传　　真	010-62173081
网　　址	http://www.cspbooks.com.cn

开　　本	880mm×1230mm　1/32
字　　数	217 千字
印　　张	9
版　　次	2022 年 5 月第 1 版
印　　次	2023 年 7 月第 2 次印刷
印　　刷	北京盛通印刷股份有限公司
书　　号	ISBN 978-7-5046-9579-6/B·92
定　　价	59.00 元

（凡购买本社图书，如有缺页、倒页、脱页者，本社发行部负责调换）